Tôkyô - Portraits & Fictions

東京断想

Tôkyô - Portraits & Fictions

マニュエル・タルディッツ
Manuel Tardits

訳
石井朱美
画
高橋信雅
ステファヌ・ラグレ

Translation : Akemi Ishii
Graphics : Nobumasa Takahashi & Stéphane Lagré

鹿島出版会
Kajima Institute Publishing

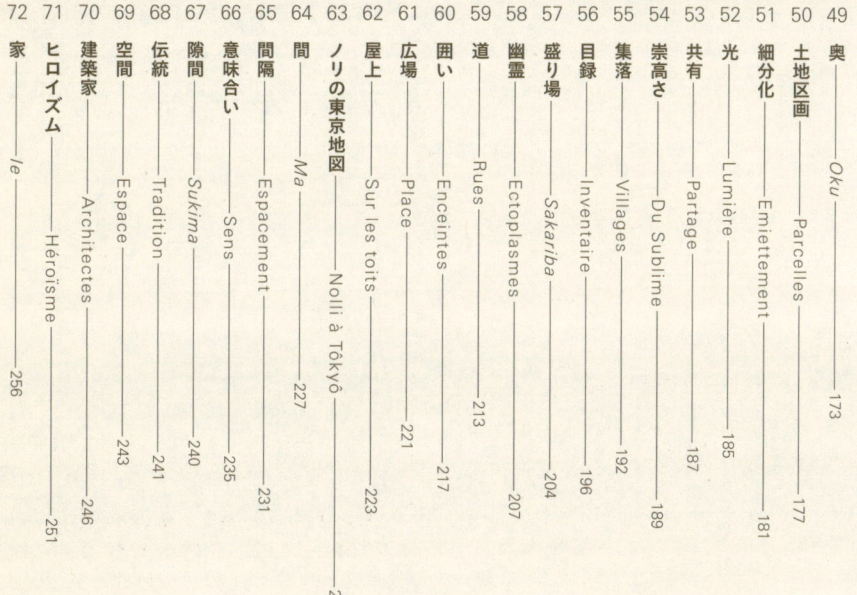

装画——高橋信雅
アートディレクション——加藤賢策（LABORATORIES）
デザイン——内田あみか（LABORATORIES）

ÀC., C., A., K., S. et N.

1 道程
Étapes

日本には「道行き」という美しい言葉がある。これは歩み、歩んだ道筋、さらには、その行方の追跡までも意味する。[1]道行きの精髄が空間文化のすみずみまで染み渡った国、日本の東京を住処と定め、この街を発見していく道程をつぶさにたどっていくと、一篇の物語ができ上がる。

1 Pigeot (Jacqueline): *Michiyukibun, Poétique de l'itinéraire du Japon ancien*, Maisonneuve & Larose, Paris, 1982.
ジャクリーヌ・ピジョーが着目した紀行文のようなフィクションでは、訪れた場所を忠実に描写した旅の記録そのものよりも幻想と詩情溢れる遍歴のほうが重要である。とは言え、日本人の旅行熱の起源はたいへん古く、一二世紀、平安時代末期にまでさかのぼることができる。

道程その一

この異質な国、この異質な都市、この異質な都市構想に興味を抱く。だが、まだそのおもしろがり方は型にはまったもので、独自の視点を欠いている。洋の東西を問わず大都市では往々にして、壮大な都市計画と雑多な時代や様式の街並のパッチワークとがせめぎあい、均衡関係を保ってきた。現代はその例外である。新参者の眼に東京という都市は、いく度も消しては新しい文を上書きするパリンプセプト（羊皮紙）の原理と、ひそやかで気の遠くなるような時間の堆積とをない交ぜにしたもののように見えた。

道程その二

この違和感の正体をつきとめようと思い立つ。すると、ひるがえって己のものの見方、振る舞い方の見直しをせまられる。この都市の文化の本質と基礎を比較し、ついには理解しおおせるだろうか。東京は「お菊さん」[2]、すなわち異邦人の眼に映る奇妙なものの連なりで終わってしまうのだろうか。奇妙なもの、それは空の四方八方に触手を伸ばす高架。街に乱暴に穴をあけ丸裸にする、その破廉恥さ。それとは逆説的に周辺地区の世田谷では、遠距離通勤者を乗せた車輌であふれかえる放射状の道路に果樹園や菜園が寄り添い、のどかで牧歌的な幕間劇をくりひろげる。また都心、市ヶ谷の静まり返った釣り堀の畔では、太公望たちが身じろぎもせずじっと糸を垂れ、その眼だけが鯉の動きを追っている。その耳には、間近をひっきりなしに慌ただしく横切っていく中央快速のレール音は届いていない。レストランの店先のディスプレイはさだめしポルノ劇場だ。蝋でかたどった樹脂製の料理サンプルが妍《けん》を競い、客の食欲をそそる。その艶っぽさに板前も形無し、とまでいくだろうか……。

2　ピエール・ロティの小説名。一八八〇年代の長崎を舞台にした、フランス海軍士官と日本の娘、お菊さんとのもどかしい出逢いと苦い別れは、熟さぬままに破局を迎えた男女関係の物語であると同時に、異文化間の意思疎通の難しさの寓話でもある。ロティは自身の体験とフィクションとを織り交ぜながら多くの作品を書いた。「お菊さん」もそのひとつである。ピエル・ロチ著、野上豊一郎訳『お菊さん』（岩波文庫、一九八八年［原書は1887］）

道程その三

民族誌学者になる。この街の巧妙な仕掛けを暴き、この異彩を放つ都市性の特徴を捉えようという根源的な欲求に駆られ、眼はつねに巷にあった。巷を駆けめぐり、大いに道に迷い、途方に暮れなければならない。二〇世紀の初め、永井荷風は隅田川の岸辺を感傷に浸りながらそぞろ歩き、下町と消えゆく江戸文化を潤したこの川の物語を綴った。[3]同じく失われた時を惜しんだジャック・ヨネは、第一次世界大戦直後のパリを徒歩でめぐり、こう書き記した。「己の亡霊と出逢った経験のない者は、パリの人間ではない。己の街というものを知らないのだ」[4]。二〇世紀の河岸をさらに下っていくと、江戸―東京をさすらう孤独な散歩者がまたひとり現れる。かの夢想家、陣内秀信である。ガストン・ループネルがフランスの田舎の畑に思いをめぐらせたのと同じやり方で、徒歩と船でこの街の通りという通り、水路という水路をくまなく回り、そこから人類史上のさまざまな出来事とその再来を暴き出そうとした。[5]

3 永井荷風著「すみだ川」、『すみだ川・新橋夜話 他一篇』（岩波文庫、一九八七年［初版は一九〇九年］）に所収

4 Yonnet (Jacques): *Rue des Maléfices*, Éditions Phébus, 1987（初版は1985）

5 陣内秀信著『東京の空間人類学』（ちくま学芸文庫、一九九二年［初版は一九八五年、筑摩書房］）

最後の道程

異国趣味《エキゾチズム》が日常の現実に変わる。ただしそれは永遠に更新し続けるのだ。この都市の過剰性を初めて目にしたときの新鮮な驚きを忘れずに、いつまでも大切に持ち続けよう。そして都会の些細で泡沫的な事物の山をかきわけて、より大きく、永続的な構造を捕まえよう。ただし、この街にあまりにいれ込むのは禁物だ。さもなければ、慣れに麻痺して言葉を奪われてしまうか、安部公房の小説の主人公のように「燃えつきた地図」のなかに捕えられ、カフカ的末路をたどる羽目になるだろう。[6]行方の杳《よう》として知れない容疑者を追う私立探偵は捜査を重ねるにつれ、次第に自分と尋ね人との区別がつかなくなり、しまいに彼の自我は、あまりの過剰さゆえに一編の寓話と化した都市と渾然一体となり、消滅してしまうだろう。

6 安部公房著『燃えつきた地図』（新潮文庫、一九八〇年［初版は一九六七年、新潮社］）
ミケランジェロ・アントニオーニ監督の映画『さすらいの二人』（1975、原題 Professione: reporter）でジャック・ニコルソン扮する主人公のたどる悲劇的末路は同テーマの非都会派版である。

フィクション 2

Fictions

バビロンとエルサレム

現代の日本人は、しばしば西洋文学から借用した「フィクション」という概念によって物語とエッセーとを対比する。この本に収められた短い文章は、水彩画と俳句の血を引くハイブリッド、つまり雑種であり、東京という都市を自分なりに敷設し、再構築しようという目論見のもと、二〇年の歳月にわたって書かれては書き直され、積層化され、寝かされ、熟成されてきた堆積物である。

五世紀の東ローマ帝国でキリスト教がネオプラトニズム哲学の遺産を吸収しつつあったころ、神の都市国家、天上のエルサレムに対して人間の都市国家、バビロンという観念が生まれた。その一六〇〇年後に今度は東京が、たったひとつの都市のなかに、都市とその分身というフィクションを復活させた。かたや生身の人間たちが棲む東京、かたや天上の、理想の東京。特殊でありながら系列的でもある、ひとつの都市。その理想は、精神性や霊性をどこかに置き忘れてきたわれわれ現代人の社会においては、より類型的、没個性的なものへと変異していく。[1]

1 帝国の首都ローマはほぼ五〇〇年にわたり西洋世界の中心であった。この都市は紀元四一〇年、西ゴート王アラリックに占領され、略奪されるという象徴的な出来事を体験する。これに衝撃を受けた人びとの憤りに応え、ローマ法王聖アウグスティヌスは自著『神の国』のなかで、人間の建造物や営みにおよそ永続的なものはなく、その退廃は避けられないということが、この破壊によっていっそう明らかになったと説いた。こうしてこの本はバビロンに象徴される人間の不完全な都市国家を神の理想の都市国家、天上のエルサレムと対比してみせた。

反映

このフィクション集の使命とは何か。それは都会的事象の意味をとことん追究すること。「日本的なるもの」を述べた格言や、あたりまえと思われている言説を否定すること。そしてこれらとは反対に、陳腐な現実と玉虫色に輝く隠喩や照らし合わせ、実利主義と理想との間を行ったり来たりする短い知的ブリコラージュの魔術によって今日の東京のおぼろげな姿を出現させ、これをさらにくっきりと鮮明に浮かび上がらせること。言い換えれば、このフィクション集は法廷であり、東京はそこに呼び出され、告発されるのである。

東京では都市概念がさまざまな形の都市の現実に虚構性を与えている。つまりこのフィクション集は光の反映、プラトンの洞窟の壁に揺れる影法師の親類のようなものである。

建築家仲間のひとりが、私が選んだこの「フィクション」という言葉を侮蔑的として嫌い、こう力説した、「そのようなとりとめのない話を色々と聞かされようと、東京は僕の眼には至極現実的で具体的に見える」。たしかにそのとおり。でも、私に言わせれば、このフィクション集は非現実的というより超現実的なのだ。[2]

2 このフィクション集には日本史のさまざまな時代が引き合いに出されているので、確認のため以下に列記する。
古代……飛鳥時代（五九三〜七一〇）、奈良時代（七一〇〜七八四）、平安時代（七九四〜一一八五）
中世……鎌倉時代（一一八五〜一三三三）、建武の新政（一三三三〜一三三六）、室町時代（一三三六〜一五七三）
近世……安土桃山時代（一五七三〜一六〇三）、江戸時代（一六〇三〜一八六七）
近現代……明治（一八六八〜一九一二）、大正（一九一二〜一九二六）、昭和（一九二六〜一九八九）、平成（一九八九〜）

TOKYŌ FICTIONS
MANUEL TARDITS
東京2010
TAKAHASHI

3

現実

Réalité

モダニズム

明治以来、日本では「モダン」なものはいつも西洋からやって来て、都会という器に入れられてきた。モダンさの物質的表現それ自体が、納得づくの、しかもまんまと成功した、大規模な政治経済的横領、もしくは適合化であったとは言えないだろうか。現代の首都の危機的状況が一九六〇年代の高度成長期における生活環境の劣化に端を発しているという考え方が日本の建築家たちの批判のなかに現れている一方で、この国がモダンさ、およびモダン化によって変わることは、かなり広く容認されている。ヨーロッパ的発想では、ある公共スペースが無造作に造られれば、それをめぐって必ず論争が起こるものだが、日本ではそうならない。中国や韓国の大都市と同じく、巨大な建造物が垂直方向に、あるいは水平方向に猛スピードで伸張していく、ル・コルビュジエの「輝く都市」の交雑種なのだ。都市の「顔」となるような形象が公共スペースに実現することはめったになく、ただモノが野放図に密集し、そこに道が通い神経組織を張りめぐらせる。

東京では破壊のテンポは速い。だが、その元凶は社会問題というよりも、むしろ全体の「寿命」である。個々の建物の寿命はいささかも斟酌《しんしゃく》されない。ヨーロッパの大型集合住宅や郊外のニュータウンに相当する日本の「団地」が取り壊されるのは、それが陳腐化したものと想定されるからであり、貧困と暴力が巣食うゲットーと化したからではない。団地が直面する最大の社会問題とは、建物そのものよりも入居者の高齢化である。事実、竣工時から住んでいる人も少なくない。こうした集合住宅の後釜に座るのは、今様のクローンだ。こちらのほうが構造の耐久性が勝っているというのが、その唯一の根拠である。大地震に見舞われるたびに、立法府は安全基準を見直し、構造計算の基準を強化してきた。その結果、新基準以前の建物は潜在的に危険とされ、快適さまでもが現行基準に照らし合わせて見直されることになるのである。[2]

1 丹下健三、磯崎新、あるいは菊竹清訓のようなメタボリズム運動の建築家たちが一九六〇年代、七〇年代に提唱したユートピア的プロジェクトは、破壊と建築ラッシュから生じた日本の都市の可塑性に応えたものであると同時に、後にイギリスの建築家集団アーキグラムが発展させることとなる概念を先取りしており、日本の建築家たちが都市問題に高い関心を寄せていたことが分かる。

2 団地という財産の再生よりも破壊を選ぶ傾向に関しては左記を参照。
みかんぐみ（加茂紀和子、曽我部昌史、竹内昌義、マニュエル・タルディッツ）著『団地再生計画――みかんぐみのリノベーションカタログ』（INAX出版、東京、二〇〇一年、［英語版 *Save the Danchi*, Jovis Publishers, Berlin, 2011］）

ポストモダニズム

日本の一部の建築評論家のあいだでは、この国、とくに東京におけるポストモダニズム戦争は一九七〇年代末および八〇年代初めに起こったとされている。しかし、あいにくだがポストモダニズム戦争は起こらなかったし、今後も起こらないだろう。この概念を日本の都市にそのまま当てはめるには無理がある。高度経済成長期に終止符を打った一九七三年と七九年の石油ショック、六〇年代の相次ぐ環境汚染スキャンダルと市民運動の高まり、そしてもっと時代は下り、一九九〇年代初めの不動産不況を経てもなお、東京の都市性が変わることはなかった。その深層構造はゆっくりと進化しているため、あの可塑性に富み、アメーバのように貪食しつつ膨張していく都市の姿や、伝統的な作庭術「見立て」[3]よろしく、どこか他所の地、いつか別の時代を自由に引用した建物群が奏でる、あのセンセーショナルで一貫性のない協奏曲は、東京のごくかぎられた場所に生き残っているにすぎない。

一方西洋では、伝染病のように大流行した歴史主義的様式論を超えて、真の意味でポストモダンと言えるモダニズムの問い直しが行われた。それは社会と都市に関する問いかけである。都会の孤独感と暴力が槍玉に上げられ、その責任の一端は、かつてヨーロッパの都市を形成していた公共スペースの物質的形態が消失してしまったことにあるとされた。こうした批判の声が頂点に達したとき、西欧や米国で戦後続々と建設された公営大型集合住宅がダイナマイトで爆破されていった。以後、パリのような一部の都市では、垂直、水平いずれの方向であれ大型のビルを一貫して拒否し、中心街に歩行者を呼び戻すとともに、ここにジェントリフィケーション（高所得層の転入）を促し、ヨーロッパはかつてのように街路で区切られた小規模の土地区画とその派生形に回帰していった。ポストモダニズムとモダニズム、東京には存在しない、このふたつの相容れない都市概念は激しく対立しているのだ。

ここ、東京では首都圏に真珠のネックレスのように張りめぐらされた鉄道沿線の「盛り場」の磁力が、文京区、千代田区といった都心部の居住人口減少の穴埋めをして、郊外と相対する都心部の形成を阻止している。[4] 東京および日本の大都市圏を脅かす唯一かつ深刻なポストモダン的危機は、容赦ない高齢化と人口減少、その帰結である産業の再編成、そしてグローバリゼーションによる産業の空洞化である。[5] 高齢者の負担増加、家族構成の変化にともない、夢の一軒家に代わる小規模の賃貸住宅ビルが増殖する。児童の姿が消えた学校施設の再編成は、この新世紀に到来する激的変化の序章にすぎない。東京から横浜までの約三〇キロメートルにおよぶ湾岸地帯では、採算性を求めてアジアに出ていった工場が残した広大な工業団地の荒廃が、日本経済の心臓部と都市空間に打撃を与

3 本書31「見立て」の章参照。

4 本書44「都心」および57「盛り場」の章参照。六本木ヒルズ、東京ミッドタウンといった名高い複合不動産開発事業は、都心に活力を与えると標榜しているが、実際には高級化しているのである。

5 複数の破滅的予測によれば、少子化により現在一億三〇〇〇万弱という人口が、二〇五〇年ごろには九〇〇〇万人にまで落ち込むという。

えるだろう。人口が減少すれば、生産能力を再編成し、より少ない需要に合わせて調整せざるをえない。社会モデルと消費主義の見直しは、東京の再編成という形になって現れるであろう。

4
島から…
D'île

揺らぎ

東京を語るのであれば、まず日本が外界に向かって演じ続けてきた「いない、いない、ばあ」ごっこについてどうしても触れておかなければならない。西洋人の「日本論」は毀誉褒貶《きよほうへん》、じつにさまざまであるが、その多くが「違い」を前面に打ち出している。驚き、憧憬の念が薄れるにつれ、昔日のオリエンタリズムはその音域こそ変わったが、いまだにヨーロッパ人のビジョンの根底に流れ続けている。

一三世紀末、印象

この国に関する最も古い時代の記述は神秘の色に染められている。シパンゴ、「遠つ島」、マルコ・

ポーロによって理想化された黄金の宮殿の国、中国のはずれの辺境地、そこは中国文明の影響下にあるものの、いまだ大陸の征服者に侵されていない世界。彼らの船は九州北岸で二度までも台風により四散させられた。この「神風」に破れた船団は、三〇〇年後、イギリス沖で嵐に見舞われ海の藻屑と消えたスペイン無敵艦隊アルマダの姉貴分である。

1 マルコ・ポーロ著、青木一夫訳『マルコ・ポーロ東方見聞録——全訳』(校倉書房、一九六〇年［原書は1298］)

一五世紀末、蜃気楼

マルコ・ポーロの『東方見聞録』とマンデヴィルの『東方旅行記』[2]の熱心な読者であったクリストファー・コロンブスは二艘のカラベル船をしたがえた大帆船に乗り、西廻りの航路でこの「東インド諸島」、つまり日本を探す旅に出る(日本は長い間、この諸島と一緒くたにされていた)。そして一四九二年、彼は日本を発見したと思ったが、それはアンティル諸島だった。旧世界を新世界と取り違えていたのだ。思慮深く、貪欲にして、起業家精神溢れるポルトガル商人と船乗りたちがインドの商館を起点に南洋を遡り、日本に上陸するのは半世紀も後のことである。

2 J・マンデヴィル著、大場正史訳『東方旅行記』(東洋文庫、一九六四年［原書は1357］)

一六世紀末、発見

ヨーロッパ人は一五四三年、ようやく日本にたどり着く。初期のヨーロッパ人は物を扱う商人と、心を扱う宗教家にかぎられ、両者をのぞく日欧交流の立役者たちの足跡はまだ印されていない。日本で初めて改宗活動を行った聖フランシスコ・ザビエルの余勢を駆って来日したポルトガル人イエズス会神父、ルイス・フロイスは一五八五年、日本の歴史を綴った自著の欄外に、ある驚嘆の念を書き遺していた。[3]それは日欧の風俗、習慣の比較論であり、発見者の心境を理解するに欠かせない史料であったが、何世紀ものあいだ、日の目を見ぬまま忘れ去られていた。この民族誌学者の心を持つ観察者が、ときとしてコミカルなまでに臆面もなく感情を露にしながらも、どんな些細なことも見逃すまいと神経を研ぎ澄ましながら著した書は、まさに「他性」、すなわち「違い」の総目録の先駆けであった。日本がありのままの姿で立ち現れただけではなく、鏡像効果により、(少なくともポルトガルとは)まったく裏返しの常識の列挙に暇がない国として浮かび上がった。こうして日本は神話的な国から、ただ遠いだけの国となり、さらにヨーロッパの文化的対極[4]へと進化した。たとえばフロイスは家、作業場、庭、果物に関する章でこう書き記している。「我々の寝室は精緻に細工され、磨き上げられた木でできている。一方、日本人のチャノユの間(茶室)には森からそのまま切り出して来たような未加工の木を用い、自然を模倣している」。あるいは「我々の家は唐草文様の絨毯や、それよりは高価でないにしろ、さまざまなもので飾られている。一方、彼らの家には藁のムシロが敷かれているにすぎない」。以下、衣服、食習慣、その他諸々の習わしや制度のいずれをとっても、ことごとく正反対なのだ。

3 ルイス・フロイス著、岡田章雄訳注『ヨーロッパ文化と日本文化』(岩波文庫、一九九一年[原書は1585])

4 この表現は一六〇〇年、イエズス会修道士で歴史家でもあるジョアン・デ・ルセナが初めて使った。

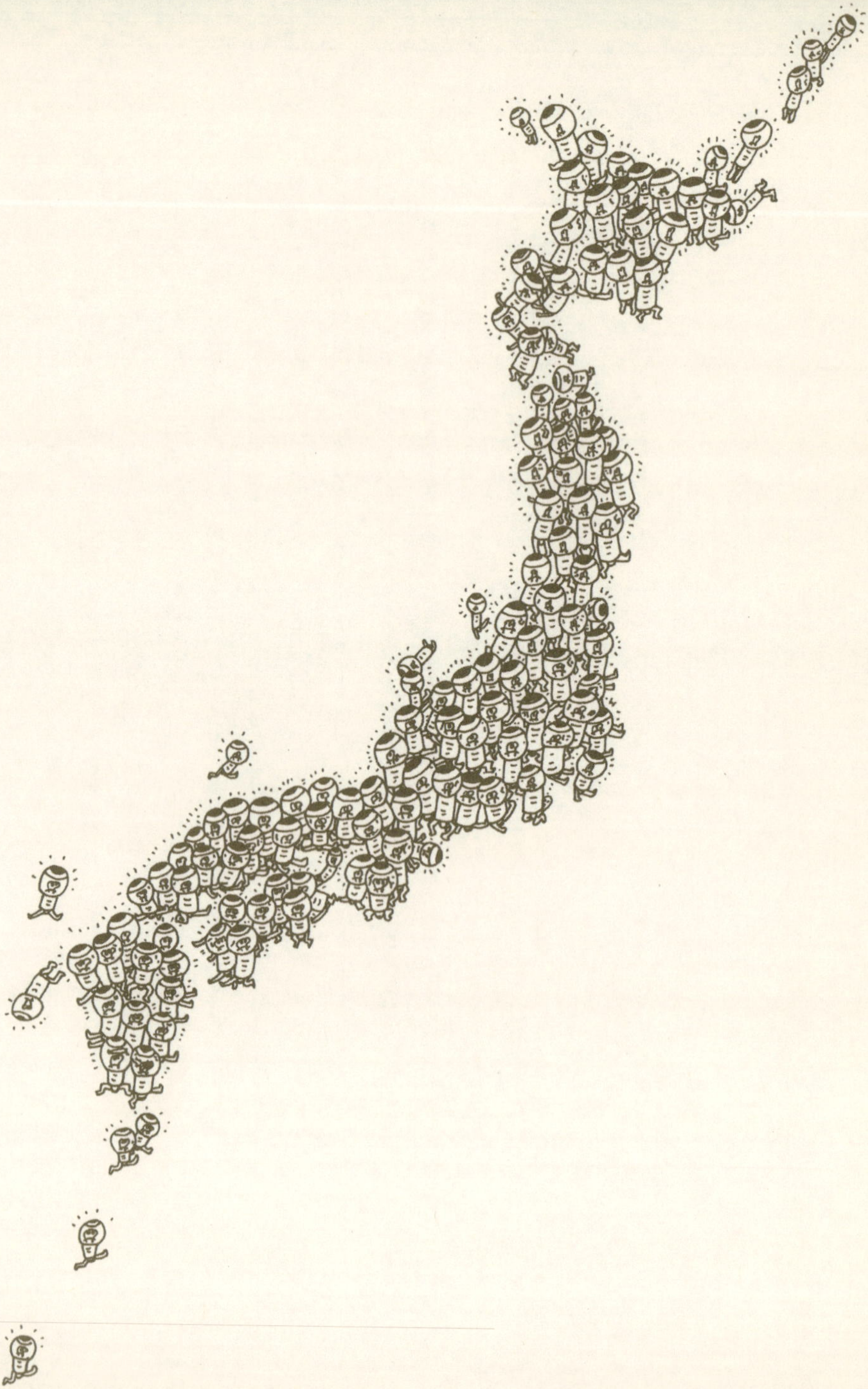

5

島まで

En île

一六世紀初め、再び未開地に

東京に贈られた最初の呼び名、「江戸」に権力の中枢を移した徳川体制下の一六三九年より約二五〇年間、日本はその扉を閉ざし、国家の安泰を揺るがす外界の影響を遮断する[1]。日本は再び手の届かない、あるいは見出されるのを待っている未開のオリエントに戻る。かつて東アジアの海上貿易を牛耳った「海賊騎士団」を生んだ地は、遠洋船を持たぬ島へと変わる。日本の津々浦々の港が待ちわびるのは、もはや沿岸輸送船あるいは地元の漁船ばかりとなった。この鎖国時代に築かれた江戸—東京は、今日もなお当時の傷痕をとどめている。巨大港であるにもかかわらず真の意味での「海の玄関」がないのだ。この無関心さのそもそもの原因は自給自足経済にあったのだが、これの片棒を担ぐいくつかの理由が後から加わった。大量の内国貨物のせいで、海および数多の運河の玄関となるべき場所が蔵という蔵で埋めつくされた。おまけに都市は江戸湾を埋め立てながら絶えず膨張し続けたため、真のウォーターフロントの形成が阻まれた。そして一八五三年に開国を迫られると、国際貿易港を首都から遠ざけたい幕府の思惑により、新興都市横浜がその役目を担うこととなったのが、最後のだめ押しの一手となった。

1　ただし八代将軍吉宗治世下の一七二〇年に幕府の発した禁書の緩和令により、学術書を主とする外国の書物の輸入が許可されることとなった。

2　サミュエル・テイラー・コールリッジの叙情詩、「ザナドゥ」は、先唱者マルコ・ポーロが詠じた「驚異の書」に数世紀の時を超えて答える応唱であるとともに、二〇〇年後に現れるもうひとりのイタリア人、イタロ・カルヴィーノの『見えない都市』の先唱役を演じているように思われる。

さて、話をもとに戻そう。ひとたびは神話の国からハイリスク、ハイリターンの交易の舞台、キリスト教布教の新天地へと化した日本。厚くたなびく雲が視界を遮る一幅の風景画のもやのなかから、大八洲《おおやしま》がそっと姿を現す。だがユートピアのイメージをまとい、その所在は杳として知れず……といった幻想をかき立てるその島は、鎖国によってまたしても桃源郷ザナドゥの縁に漂泊する運命をたどり、コールリッジが謳った、あの驚異に満ちた中国[2]よりもなおいっそう捉え難い存在となる。その所在を知るのは、出島に閉じ込められたほんのひと握りの新教徒オランダ商人のみである。長崎の市街地に隣接する海岸に造られた外国人のための飛び地、出島。このちっぽけな、国際交流の萌芽の地から八〇〇キロメートル以上離れた江戸は、世界最大の都市のひとつであるにもかかわらず、[4]一八世紀に入ると世界地図から忽然と姿を消すのである。

3 キリスト教徒およびキリスト教修道会の改宗活動と勢力拡大を危惧した幕府は彼らを追放。以後、西洋人はカトリック聖職者と関わり合いのない者のみが入国を許されたが、ほとんどの場合出島からは一歩も外へ出られなかった。こうしてカトリック教徒であるがゆえに好ましからざるポルトガル人商人と入れ替わりに、オランダ人商人がインドネシアの植民地からやって来ることとなる。

4 九代将軍家重治世下、一七五〇年ごろの江戸の人口は約一三〇万人。

一九世紀後半、驚嘆

一八五三年、アメリカの通商、戦略上の国益を満たすため、ペリー提督の艦隊は江戸湾内に進入し、大砲の脅威で開国を迫る。日本の政治経済に激震が走り、ものの一〇年で徳川幕府は崩壊、間髪を入れずに明治新政府が誕生し、日本の二度目の発見へといたるのである。[5]英国人バジル・ホール・チェンバレンが一八九〇年に刊行した百科全書的ガイドブック、『日本事物誌』はフロイスが三〇〇年前に記《しる》した文書や概論と比肩し得る。明治時代の日本文化のパノラマを構築し、あの鏡像効果を再び時の話題としたからである。[6]「古《いにしえ》の日本は我々西洋人にとって空気の精と仙女の住む、小さくて、繊細で、驚嘆すべき世界だった。一方、鉄道、電信、大規模商業、巨大な武器、軍艦、そして化学と数学に裏打ちされた限界知らずの科学を有するヨーロッパとアメリカは、日本人にとって驚嘆すべき工学と抗い難い魔術の世界であった」。仙女にせよ魔術師にせよ、互いに驚きの念を抱いていたのだ。こうして一六三九年に突然打ち切られた東西論が復活し、今度は「西洋の近代性」対「日本の伝統」という二律背反のカップルへと発展する。ほどなく東京は東と西の両極端を混ぜ合わせながら急速に交雑化していく。こうして政治経済、文化の変化が物の上にも顕在化していくのである。

6 借用
Emprunt

理想郷、アルカディア

一八五三年、アメリカ艦隊に圧倒的な軍事力を見せつけられると、日本人はこれまでの鎖国政策を維持することはもはや不可能であり、抗戦も非現実的であると悟る。しばし逡巡の後、日本のエリー

5 一六〇三年より日本を支配してきた徳川幕府は、もうひとつの寡頭政治にとって代わられる。こちらは頂点に若い天皇、睦仁を象徴的に据えることにより、政権の安定をはかるとともに前体制との決別を打ち出す。旧江戸城が皇居に定められ、天皇は京の都を離れることになる。これにて江戸時代は終わりを告げ、一八六八年、明治時代が幕を開ける。

6 チェンバレン著、高梨健吉訳『日本事物誌』（東洋文庫、一九六九年［原書は 1890］）この本はまさに日本の二度目の発見であったと言える。なぜなら永年忘却の淵に沈んでいたフロイスの日本概論がマドリッドの王立歴史アカデミー図書館から発見され、日の目を見たのは一九四六年のことであり、チェンバレンはその内容を知らなかったからである。

トたちは西洋の政治経済的支配から逃れることを恒久的な政策とし、西洋の政治経済を輸入しようと腹をくくる。[1]この政治戦略が徹底すると、西洋の影響がたちまち文化にも波及し、日本独自の文化が疎んじられるという弊害が生じる。一八八五年には早くもピエール・ロティが東京の有様を次のように揶揄している。「(東京は)ちぐはぐで、異種の血が混ざり、うさん臭い。一五世紀、あるいは二〇世紀ものあいだじっと動かなかった日本は、突然モダンな事物への熱に冒され、目眩を起こさんばかりである」[2]。こうして一九世紀末になると、今日でもなお取り沙汰される「伝統は文明の対義語か」という命題をめぐる議論が巻き起こる。これを反映して大成功したのが政府スローガン、「和魂洋才」(西洋の技術に日本の魂を吹き込む)である。

江戸の変容をめぐる議論は一部の西洋人にも影響を与えた。アメリカ人動物学者にして「ボストンのオリエンタリスト」と呼ばれた集団の一員でもあるエドワード・シルヴェスター・モースは、あらゆることに熱中する楽園アルカディアの研究者さながらに都市生活に心惹かれ、明治日本の日々の暮らしをスケッチや彩色写真の選集で見せる民族誌学的総覧をつくり上げた。[3]今や古色蒼然とした彼の写真の数々は、かたやひとつの文化を捉え、(これがかつて一度でも存在していたのなら)その原初の新鮮さを損なわずに保存しようとする懐古的ビジョン、かたや伝統的な文化価値を破壊する、西洋由来のモダニティへの編入、という二律背反状態を示す格好の左証である。これはヨーロッパで起こった近代性をめぐる議論を思い起こさせる。それはたとえば、ジョルジュ・オスマンが提唱したネオバロック様

1 この「輸入」は技術、経済、政治、新築の建物のすべてにわたり一挙に及んだ。

2 ピエール・ロチ著、村上菊一郎、吉氷清訳『秋の日本』(角川文庫、一九五三年[原書は1889])
ロティの考察のいくつかは風刺的で、往々にして人種差別的ではあるが、当時の旅行者が抱いた印象を理解する妨げにはならない。当時の都市に関して、多くのアングロサクソン系著者がこれに類似した指摘をしている。

3 小西四郎、岡秀行編集『百年前の日本――モースコレクション(写真編)』(小学館、二〇〇五年[初版は一九八三年])
この書籍はモースの写真収集家としての功績を紹介する選集である。

4 日本は植民地関係を回避しおおせたものの、いわゆる「不平等条約」はこの関係が顕在化した数少ない例となった。明治の為政者たちは、失墜した前政権がその治世の末期に矢継ぎ早に調印したこれらの条約の撤廃を希求してやまなかった。なぜならそこには、外国人犯罪者に日本の法が及ばない治外法権等、数々の特権が規定されていたからである。

式の首都を生み出すため、中世都市パリを破壊し、変容させたモダニティのことである。モースの場合、言下に日本がその餌食になるまいと必死にもがいていた植民地主義に端を発するアイデンティティ問題により、議論はいっそう白熱化するのである。[4]

弁証

二〇世紀初め、この議論の前提条件が整い、定着する。西洋化を断行する明治の政治エリートたちの決意に対するアンチテーゼとして、モースをはじめとする「ボストンのオリエンタリスト」たちは文化財の保護を訴え、岡倉覚三（天心）は伝統を守りつつ、新しく生まれ変わっていくアジア、西洋と対等な盟友として開花するアジアを志向する叙情的な弁論を展開する。[5] また、これよりずっと前に、西洋からの借り物とすぐ分かる「新奇なるものは、めっきがけしたように不自然」、と毒づいたロティの皮肉も、つきつめて考えれば西洋化のアンチテーゼである。このようにして、西洋からもたらされた事物と日本の精神や伝統とのあいだで一世紀前から絶えず繰り返されてきた弁証法がわれわれの日本観、都市観を条件づけている。このジレンマを表現した日本の現代建築と都市には特別なアイデンティティがあるだろうか？　日本の空間および都市存在論について語ってもいいだろうか？　建築評論家クリス・フォーセットは「日本の

5 岡倉覚三著、村岡博訳『茶の本』（岩波文庫、一九六一年［原書は 1906］）
この風変わりな弁論の書は、モースと並ぶもうひとりのボストンのオリエンタリスト、岡倉覚三が西洋の読者を説得するため、自分の母国語ではない英語で、自ら書き著したもので、中国からの茶の輸入の歴史を紹介するに留まらず、この飲み物が伝え広めた文化ばかりか、混血の文化までも奨励している。その政治談義には、後世に到来する第三世界擁護者の主張を彷彿とさせるものがある。彼は生まれて来るのが早すぎたのかもしれない。クリストファー・ベンフィー著、大橋悦子訳『グレイト・ウェイヴ―日本とアメリカが求めたもの』（小学館、二〇〇七年、［原書は 2004］）

6 Chris Fawcett, *The New Japanese House: Ritual and Anti-ritual Patterns of Dwelling*, New York Harper & Row, Granada, 1980.
西洋では、この「日本の家」を不変の伝統に引き戻して捉えようとする視点が広く普及しているが、フォーセットはこれを解体し、代わりに現代家屋空間を民族学的視点から見るよう提案する。現代家屋空間と言ってもその造作はじつにさまざまであるが、それらを家庭の儀式の形象化の観点から検証すべきだとしている。

家」の概念に異を唱える。彼によれば、「日本の家」の概念は今もなお、お定まりの異国趣味《エキゾティズム》と、ひたすらに審美的な現実認識のすえた臭いをない交ぜにし続けているという。[6]日本の都市を先入観なしに理解し、借用の概念そのものを問おうとするならば、真っ先に物的、社会的、文化的、歴史的文脈を微に入り細に入り斟酌する必要がある。

7 浮世絵 Estampe

浮世絵

一九世紀後半の日本再発見により、西洋諸国は自国の艦船には避難港を、技術には新たな市場を見出す。大八洲はオリエンタリズムの究極の分身、ジャポニスムを西洋に提供する。[1]違ったものの見方、表現の仕方、考え方が、まず美術、工芸を通じて伝わり、後に建築、そして禅などの精神修養をも媒介した。

無常の現世「浮き世」を写した木版画、浮世絵。締めつけの厳しい不平等社会のはけ口である町人階級の享楽の場を描いた浮世絵は江戸の都市文化の代表的な産物である。日本の上流階級からは下級のものとして軽んじられたが、西洋でたちまち人気を得た。歌麿の吉原遊女、写楽の相撲力士や歌舞伎役者をはじめ、北斎、広重らが街や田舎の風景のなかに人びとの日常生活を描き込んだ名所図絵の連作[2]等々、画題はさまざまだ。通行人でごった返した木造の太鼓橋、近景にまっすぐ延びた大通り、中景の透視図の一番奥に赤や茶色の寺院、遠景にこれらを見守る三角形の富士山……江戸の庶民の暮らしがわれわれの眼前に生き生きと蘇る。今日の絵葉書の始祖、グアルディとカナレットが描いたヴェネツィア風景画「ヴェドゥータ」の従兄弟である浮世絵は、都市にもたらされた変化の証人であるとともに、その度合いを測るバロメータの役割も演じている。

横浜絵

防波堤戦略の古い手本、江戸からはるか八〇〇キロメートル離れた長崎の市街地のすぐそばに設けられ、以後二五〇年にわたり唯一の外国人との接点であった出島と長崎港は一八五九年、横浜にその座を明け渡す。江戸から約三〇キロメートル（それを近いと見るか、遠いと見るかは状況によるだろう）の名もない海辺の寒村が西洋諸国に開かれた港と玄関に生まれ変わる。[3]この交代劇を境に江戸文化の象徴、浮世絵は衰退の一途をたどり始める。これには複数の要因が関与した。第一に油彩画の発見により絵画技法が変化した。第二に政治、文化の開放に伴い写真や絵入り新聞という競合相手が出現した。そして第三に挙げられるのが、当時のアーティストにとって新しい画題の登場

1 「オリエンタリズム」という言葉は日本だけのものではない。北アフリカ、エジプト、インド、中国もそれぞれ、エキゾチックな「オリエンタル」文化を呈する。本来の意味のジャポニスムは一八七八年のパリ万国博覧会とともに誕生した。

2 これらの浮世絵作家の連作の最も有名な例を挙げれば、歌川広重の「東海道五十三次」、「名所江戸百景」、葛飾北斎の「富嶽三十六景」、「諸国名橋奇覧」がある。これらのシリーズはまぎれもなく、今日の観光名勝を讃える絵葉書の祖先である。

3 横浜の役割はまったく曖昧だ。列強に迫られた幕府はやむをえず、ここに外国人居留地の設置を認める。疑心暗鬼の幕府は、西洋が江戸と直に接触するのを嫌い、遠くに追いやったのである。ただし築地の居留地は例外であった。それは外交上の配慮というよりも、取るに足らぬほど小規模で容認できたからである。しかし一八七二年には日本初の鉄道がふたつの都市を結び、「東京」に物資や乗客を運び降ろす。このとき、すでに江戸も徳川将軍の姿もそこにはなかった。

である。これをけばけばしい色彩、いびつな遠近画法で表現したのが「横浜絵」である。浮世絵の伝統的な風景は外輪船、列車、エキゾチックな服を着た新参者の住まいであり、彼らの象徴でもある洋館と入れ替わった。[4] チェンバレンは日本の新手のエリートたちが己の文化にはもはや関心を示さない様を碑文のように簡潔にこう表現している、「学のある日本人は総じて過去を清算済みである」。

一八六八年の江戸城から東京《とうけい》城への改名は、政治経済の近代化への意志表明であるとともに、アイデンティティの本格的な転換の象徴でもある。ただし、変化が己の形にまで及ぶのをこの都市が容認すれば、の話である。

漫画

島国はどこまでも島国だ。日本人は己の政治と経済を掌握し続け、植民地化を回避しおおせた。[5] ただしその象徴的代償として江戸を失った。江戸文化と切っても切れない関係だった浮世絵は横浜絵にその座を明け渡す。しかし、その横浜絵は短命に終わり、別媒体の写真、ペインティング、絵葉書にとって代わられる。新しい世紀に入ると、これらのグラフィック技法の遠縁の相続人、「漫画」[6] が爆発する。この新しい大衆表現は、その名の起源を江戸のアーティストたちに負う、彼らの遠い相続人であり、現代都

4 フランス印象派あるいはアメリカ人画家たちは街並、煙立ち込める駅舎、工場の風景によって産業化、都市の発展といった時代の精神をよく捉えた。日本では画題としての都市が進化するにつれ、浮世絵は大量生産されるようになるが、その美的品質は下がっていく。油彩という新媒体、新技法の到来が、一種の誘導効果によって画題を一新させる。あたかも、技法のほうが先に画題に影響を与えているかのように。

5 日本とタイは西洋の植民地化を免れた数少ない国の部類に入る。

6 「漫画」とは北斎のスケッチを木版画集に収めたシリーズのことである。この豊穣な画集は、日本および中国の伝統絵画の手本帖のみならず、ビュフォンの博物学図版、ホガースあるいはドーミエの風刺画(カリカチュア)、ゴヤやルドンの銅板画に似た風俗、風景、妖怪、動物、人間、植物、建築物、読本挿画等々、まさに百科全書的な図柄を気の向くままに漫然と混在させたものである。
今日、この「漫画」という言葉は普通名詞と化し、現代日本の劇画を指すようになった。こうした意味から、日本の発明品とは思われていない漫画もまた、そのルーツをたどれば浮世絵に行き着くのである。

7 Tardits (manuel): "Tôkyô, l'empire du signe" in *Archi & BD la ville dessinée*, Métamorphik, 2010.

市文化の落とし子である。その舞台は往々にして現代都市であり、これをあらゆる物質的、象徴的次元に脚色する。たとえば平凡、繰り返し、突飛、奇怪、黙示録的等々[7]……。

8 フェードアウト

Estompe

災害

都市の変化は明治時代の観察者の目に明らかだったが、東京はどの時代においても欧州の大都市よりはるかに短い周期で再建される宿命にあった。それは地震と江戸の花、火事の災禍に始終見舞われていたからである。西洋の場合、戦争あるいは都市計画による破壊をのぞけば、人びとの記憶に残る大災害は数えるほどしかない。西暦七九年のベスビオ火山噴火によるヘルクラヌムとポンペイの破壊（地方の小都市ではあるが、あえて挙げる）、一七世紀のロンドン大火、一八世紀のリスボン大地震、二〇世紀初頭のサンフランシスコ大地震、二一世紀初頭のハリケーン、カトリーナ襲来によるニューオリンズの水害。

江戸では、一八五五年の安政の大地震をはじめとするたびたびの震災、ほぼ二年に一度の水害に加え、相次ぐ大火により、いくつかの地区がまるまる消失し、これが建物の平均寿命を一〇年そこそこ、もって二〇年という、人間ならばほんの若造の築齢にまで縮めていた。

消えゆく街

東京に改名されて間もない一八七二年、木造の建物が並ぶ下町の一角が大火に舐めつくされる。その結果商業地区、銀座の再建に採用されたのは西洋式の煉瓦である。しかし、堅牢に再建されたはずのこの「煉瓦街」も一九二三年の関東大震災により築五〇年足らずで倒壊、焼失する。将軍の居城、江戸城の櫓《やぐら》もたび重なる火災で破壊されている。解体によって生じた空き地は建設用地となる。急速な消失は後を絶たない。

江戸はウィーンやパリなど欧州の多くの都市のような旧城塞都市ではなく、広大な城郭が他の街区と並列しながら巻物を広げるように延々と続いていた。ロンドンと同様に、この歴史・形態的特性が、城塞の防御帯の跡に「リング」が形成されるのを防いでいる。このリングは、樹木のリグニン質の芯の周囲に同心円状に形成される硬い皮層のように、しばしば旧都心部を囲い込み、孤立させてしまう。一方東京には、中心からはずれた位置にぽっかり口を開けた「空虚な中心」（江戸城だった場所にある皇居とその庭）があるばかりで、境界線の不在が際立っている[1]。

1　ロラン・バルト著、宗左近訳『表徴の帝国』（ちくま学芸文庫、一九九六年［原書は1970］）または、石川美子訳『記号の国――1970』（みすず書房、ロラン・バルト著作集七、二〇〇四年）
バルトは都市交通にぐるりと取り囲まれ、一般人の立ち入りが禁止された広大な空間を叙述、形容するために、この「空虚の中心」という表現を用いた。この格言風の呼び名は、この場所の象徴的、政治的性格とは一致しないが、「都市の賑わいを抜き取られた真ん中の場所」という物理的な構成の点では、この言葉の文字どおりの意味にぴたりとはまる。
本書24「カオス」を参照。

変容の過程

近代化が城東の下町地区に産業を興し、鉄道を横浜港へ引き入れ、官庁街、オフィス街を開花させる。

過程その一……………一八六〇年代から一八八〇年代まで、日本の大工、建築業者らが、西洋の建物を実際に一度も見たこともないままに模倣した和洋習合、あるいは擬洋風の様式を発展させる。同時代のアングロサクソン系建築積算士らは、開国間もない日本にやって来た西洋人らの住む洋館と一部の官設工事の設計も手がけた。[2]

過程その二……………一八七〇年代になると、エリート官僚らの招聘に応じ来日した欧米の建築家たちが、折衷主義の議論を輸入する。その最も著名な例、英国人ジョサイア・コンドル設計の鹿鳴館[3]は、社交界外交というやや無邪気な視点から国際関係に取り組もうとした日本の外国人接待の神殿である。外交術の代用品として身につける西洋風の装いは、まことに好都合な国際理解へのパスポートであるように思われた。

過程その三……………一八八〇年代もやはり折衷様式の建物の出現が相次ぐ。それは日本人建築家の第一世代の多くが前時代の遺産の継承者であったからだ。[4]

都市表現が変わってから半世紀。旧き江戸の最後の名残[5]は、まず一九一〇年の関東大水害で流出し、翌年の大火で灰燼に帰す。

2 ビクトリア中期に出現したアングロサクソン系建築積算士たちは、しばしば極東の植民地で建築士の代役を務め、その職を奪っていた。その最も著名な工事例がトーマス・ウォーターズによる銀座煉瓦街である。Stewart (David B.): *The Making of a Modern Japanese Architecture. 1868 to the present*, Kodansha, 1987 参照。

3 鹿鳴館は一八八三年、当時の外務卿井上馨の主唱により建設された一種のクラブ、あるいは国際的な出会いの場である。外国人建築士の登用、その建築家が採用した西洋風の折衷様式、国の代表としての建物の機能、これらは日本が開けた国、進歩した国であることを内外に顕示するものと思われていた。エドワード・サイデンスティッカーは『東京——下町山の手』のなかで多くのページを鹿鳴館に割いている。エドワード・サイデンステッカー著、安西徹雄訳『東京——下町山の手』(ちくま学芸文庫、一九九二年［原書は 1984］)パット・バー著、内藤豊訳『鹿鳴館 やってきた異人たち』(早川書房、一九七〇年、［原書は 1968］)ジョサイア・コンドルが演じた役割については本書70「建築家」を参照。

4 この時代に関しては日本建築史学者、鈴木博之と藤森照信、アメリカ人歴史学者デイヴィッド・スチュアートらの各種著作、および Yann Nussaume の考証資料 *Anthologie critique de la théorie architecturale japonaise, le regard du milieu* (OUSIA, 2004) 所収、「L'ouverture vers l'Occident および La période de consolidation et de réflexion (1885-1920)」の節を参照。

5 より正確に言えば、江戸文化とは、職人、商人らが住み、隅田川東岸沿いに歓楽街を出現させた下町に代表される文化のことをとくに指している。本書26「起源」を参照。

一方、新しい動きもある。外国からさまざまな様式が輸入されると、日本自前の技術、様式の進歩の遅さの影に隠れていた急速な変化が一気に表出する。新たな破壊、再建の過程が始まる。習合と折衷は一緒くたになり、建物と都市の雑種化は決定的となり、その物的形態のはかなさがますます強調されていく。

9 フロイス21

Frois 21

フロイス神父の見た裏返しの世界をわれわれの世紀のものさしで再検証しよう。

ヨーロッパの都市の大部分では、隣家との間に境界壁を築き精神衛生を保つ。現代の日本の建物は隣家と密接しても平然としている。

西洋の作業員たちが厳《いか》つい安全靴を履くのに対し、日本の建設現場で働く彼らの分身は、薄っぺらなゴム底で母指が分かれた布製の地下足袋を履いている。

ヨーロッパの建設現場は汚い。だが日本は違う(だからこそ先端が補強された安全靴よりも大工や建具師が昔から履いていた地下足袋を好んで履くことができるのだ)。

かつて建築物はヨーロッパでは重く、日本では軽かった。今では、技術がヨーロッパを軽くし、厳しい耐震構造計算が日本を重くしている。

ポワッシーにあるル・コルビュジエの設計で有名な〈サヴォワ邸〉はツルかサギのようにすらりとした脚で立つ渉禽《しょうきん》類である。ひとりの酔狂な日本人エンジニアが自分の島国の耐震規準をもとに支柱のサイズを計算した。すると日本でこの邸を建てると、犀か象のようにずんぐりした脚の厚皮類になることが分かった。[2]

パリでは高層ビルは嫌悪の的だが、東京ではここかしこで雲霞《うんか》のごとく大発生している。

ヨーロッパでは軸が好まれるが、東京ではこれを恐れ、壊したり、邪魔したりする。[3]

パリでは、戦後の法規によって凸凹の家並が認められていたが、これを見直して以来、建物が通りに沿って公民精神よろしく整然と並んでいる。東京ではこの問題には無頓着で、数年前に建築線に関する規制が廃止された。[4]

ヨーロッパでは建設工事をめぐり紛争がよく起こるため、建築士は保険に入る。日本では建築物とその施工に関する紛争や騒動はめったにないので、建築士はこの西洋での慣行が必要不可欠であることを知らない。[5]

西欧では構築物の審美性は、主観性が大いに入り交じった行政上の制約に縛られている。日本では、数少ない保存区域をのぞき、

1 本書53「共有」を参照。

2 同様の事例では、坂茂の近年の作品の一部が挙げられる。それらの面白さのひとつは紙の使用にある。「ボール紙製の管で造った構造体」と聞くと軽やかさをイメージするが、見た目には管の節目がかなり分厚い。

3 本書14「午後／夕」と16「故事」を参照。

4 古い都市の商業地区においては、建築線の存在をいまだにはっきりと目で確認することができる。だが、現代都市の場合、この建築線の規定は、たとえば一九二三年の関東大震災後の丸の内地区のようにたびたび公布されてはいるものの、総じてかなり稀である。

本書51「細分化」を参照。

5 二〇〇五年に発覚した姉歯スキャンダル以後、建築士の責任が再定義され、日本の建築士も保険に加入するようになったが、そのコストは欧州の同業者の負担とは比べものにならない。このヨーロッパ（とくにフランス）と日本の違いの理由はおもにふたつあり、これらは鶏と卵の関係にある。ひとつ目は建築業のノウハウが業界全体で失われつつあること、ふたつ目は法規、契約の縛りがますます厳しくなっていること。法規でがんじがらめに縛り、一切のもめごとは司法の手に委ねることにして、責任の所在を事細かく規定し、もしもの場合の罰則まで定めておけば、抑止効果により労働力の質の低さを補えるであろうと考えられているのだ。日本ではこれとは正反対に、企業のノウハウはきわめて高水準に保たれている。建築物の善し悪しは工程の合法性によって決まるのではなく、さまざまな工事関係者間の協調の上に成り立っている。こうして企業は建設の主要責任と偶発的リスクを引き受けるのである。また、大抵の日本の建築主は、ヨーロッパ（スイスをのぞく）の実勢よりも高額な施工費の支払いに応じるため、工事関係者の間で協調が得られやすいという点も指摘しておこう。

形式上の主観性はもっとひどく、規則はテクノクラート、いわゆる「技術屋」の目標と安全目標を利するためだけにある。

パリ、ロンドン、ローマ、モスクワでは永遠を思考し、東京では現在と未来を語る。

10 都市 Ville

画像

画像は遠い昔から旅の代用品の役割を果たしてきた。画像を見て、これから訪ねる建築物や都市の下検分をしたり、あるいは本当に行ったつもりになって、これでよしとしたりすることもたびたびだろう。建築物の画像の例としては、一六世紀、パラーディオが設計した邸宅の銅版画集、一九世紀初頭のカール・フリードリッヒ・シンケルによる新古典主義のベルリン都市計画、同世紀末、フランク・ロイド・ライトのプレーリー・ハウスが挙げられる。都市の画像では一七世紀、ロイスダールとファン・フォーイェンが描いたオランダ風景画（人の住む自然景観と都市景観）、一八世紀、カナレットとグアルディのヴェネツィア風景、およびベロットのドレスデン風景に代表されるヴェドゥータ、一八世紀から一九世紀初頭の江戸浮世絵、一九世紀後半の印象派油彩とアッジェが撮影したパリの写真、二〇世紀初頭のニューヨークの一瞬を永遠に固定したスティーグリッツの写真、同世紀のロサンゼルスを賛美する映画、絵画、コマーシャルなどが格好の例である。

神話

「一九世紀の都、パリ」、一九世紀に始まり二一世紀初頭までの二〇〇年間にわたり、何千万というヨーロッパ移民たちの新天地への入口であったニューヨーク、そして二〇世紀の後半に温暖な気候と起業の自由を謳ったロサンゼルス、これらの三都市は相次いで神話を生む。その実現と流布に手を貸したのが芸術家と建築家である。ロサンゼルスは不動産開発業者によって売り出され、ハリウッドと数々の名建築（一九二〇年代のネオメキシカン様式、四〇年代から六〇年代にかけてのモダン様式のケーススタディハウス、八〇年代のポストモダン様式）への憧憬というプリズムによって潤色された虚像をまとった都市であったが、二〇世紀半ばを過ぎるとスペースの狭小化、公共サービスの減退、高速道路網の肥大化、街のゲットー化といった問題により、「都市の行く末」あるいは「反都市」の典型的見本を提示した。

東京ではこれと反対に、つい最近まで遠心運動よりも求心運動が優勢であった。「モダンさ」も東京発の輸出品というより、むしろ輸入品であった。東京は移民のめざす地となったこともなければ、輸出可能な都市の現実を示したこともなく、ハリウッドの

1 マイク・デイヴィス著、村山敏勝、日比野啓訳『要塞都市LA（増補新版）』（青士社、二〇〇八年［初版は二〇〇一年、原書は1990］）

2 ただし西洋の愛好家にとって、浮世絵は都市の表象というよりエキゾティックアートの傑作である。画像に関しては、膨大な資料が蓄積している。まず一九世紀には写真、とくに小川一眞の写真が東京を見せた。二〇世紀になると他のアートがこの役割を引き受ける。写真も健在で、荒木経惟、畠山直哉、ホンマタカシ。文学では永井荷風、川端康成、安部公房らの小説、真の浮世絵の相続人たる漫画の部門では大友克洋の破滅的シリーズ『AKIRA』（一九八二―一九九〇）、あるいは松本大洋の秀作『鉄コン筋クリート』（二〇〇六、都市建設の材料「鉄筋コンクリート」のアナグラム）、映画では小津安二郎、黒澤明、大島渚、そしてなんと言っても下町の庶民派ヒーロー「寅さん」シリーズ、アニメでは宮崎駿、多摩ニュータウンのありふれた郊外を舞台に、ありがちな物語が展開する高畑勲の『平成狸合戦ぽんぽこ』（一九九四年）。

スタジオもなければ（東宝のスタジオはその役割を果たせなかった）、移民外国人エリートもいない、あるいは、いたとしても数えるほどで、先見の明を持ち才気あふれる先人はいたものの国内で知られるのみで、輸入された建造物は数々の災害により失われた。一八世紀に人口一〇〇万人に達して以来、世界最大の都市のひとつであり続ける日本の首都の表象は古くから存在していた。たとえば浮世絵や写真、小説、映画、漫画、アニメの背景――これらの画像のうち、主として浮世絵をのぞいては、一九八〇年代までほとんど海を渡ったことはなかった。[2]

逆転

一九六〇年代の幕が開けると、日本経済が不死鳥のように焦土から蘇り、世界にはばたく。日本は視野の反転を引き起こし、これは次々と繰り出されるポストモダン的な文化イベントにより、不動のものとなる。一九四五年の原爆投下がもたらした災禍の余波から生まれた突然変異の巨大爬虫類、被害者でありながら加害者でもあるという曖昧な身分の怪獣を主人公にしたカルト的パニック映画「ゴジラ」シリーズ、[3]リドリー・スコット監督の『ブレードランナー』（一九八二）、ヴィム・ヴェンダース監督のドキュメンタリー『東京画』（一九八五）、これらの映画はひとつの新しい都市のヴェールをはぎ取る。ゴジラは「核後」の大都市の悲劇的運命を暗示する東京の破壊・再生サイクルの象徴である。『ブレードランナー』はフィルムノワールとサイエンスフィクションの交配種であり、都会の背景にロサンゼルス―新宿―香港を織り交ぜて、いわば三都市間のバトンリレーを成立させている。

都会のモデルはもはや大西洋を渡るのではなく、太平洋を渡るのだ。『東京画』は撮影監督のいない手持ちカメラのあてどない、驚嘆した眼差しの軌跡を通じて、東京という都市とその都会性を見せる。この調書の行き着く先は、夢幻的で、因習打破的な自明論で[4]あり、そこではヴィム・ヴェンダース演じる「無邪気な男」がイエズス会士フロイスや一九四〇年代にロサンゼルスに追放されたドイツ人哲学者を彷彿とさせる。だがこのフロイスときたら比較する気が全然なく、この哲学者も社会批判をせず、[5]ただひたすら物に魅了されている。

この映画が撮られたころ、すなわち明治のお雇い外国人第一波の招聘より約一〇〇年後、東京は多くの外国人建築家に腕をふるわせて、己の媒体の欠如を補おうとしていた。しかし、旅行者必見の珠玉の名建築が立ち並ぶ目的地となるべきところが、それを通り越して、しまいには東京という都市そのものが、規制の厳しいヨーロッパの都市中心部では考えられない、あるいは実現不可能な建築のイメージを詰め込んだびっくり箱になってしまった。[6]ひとつの伸張する都市がヴェールを脱ぐ。そこには明らかにヨーロッパ式の都市制約の縛りはない。ヨーロッパで都市制約とは、隣人間でともに守るべき空間および形式上の礼儀のひとつと考えられている。一九世紀末に西洋から借用した物であふれる雑種都市東京は、振り子が反対側にふれるように二〇世紀末に発展を遂げ、来るべきグローバルな無印都市の多彩なイメージを孕むアイコンを白日の下にさらけ出す。

3 より正確に言えば、東宝スタジオのマスコット、ゴジラが創られたのは一九五四年のことである。その「出生」の秘密は、ビキニ環礁でアメリカが行った水素爆弾の爆破実験で漁船の乗組員が被爆した「第五福竜丸事件」と関わりがある。この爬虫類もまた水爆実験の被害者であったのだ。怒り狂う怪獣と化したゴジラが破壊のかぎりをつくすこのパニック映画はシリーズ化されて人気を博した。

4 自明論としたのは、この都市にやって来た西洋人なら誰しも似たような憂き目に遭った気がするものだからだ。ソフィア・コッポラ監督の映画『ロスト・イン・トランスレーション』(2003)は同様の「ずれ」を演出に利用している。旅人は『モダンタイムス』(1936)のチャップリン、あるいは『僕の伯父さん』のジャック・タティさながらのおどおどした表情で、日本の首都のシュールで落ち着かない世界をひとりさまよう。この感覚を手短に言い表すと、東京人が宮崎駿で、外国人がヴィム・ヴェンダースである。

5 本書81「フラット」を参照。

6 「おらが町自慢」を狙う地方自治体幹部らの肝煎りによる建築プロジェクトはヨーロッパ各地で花盛りではあるものの、アーバンファブリック(都市を構成する組織)の大部分は緩やかにしか変化していない。オランダではアムステルダムのように旧市街中心部に近い地区が現代都市建築によってがらりと一新されることがしばしばあるが、これは例外であると私には思われる。

都市

今日、東京は「都市というもの」を象徴しているようである。東京を訪ねる旅人の多くがこうした思いを抱く。ある都市のなかに「都市というもの」の面影を見出す、つまり前者が後者の跡を継いでいるような印象を抱くのは、歴史上繰り返し起こってきた心理現象である。かつてバビロン、ローマ、コンスタンティノープル、バグダッド、北京、パリ、ロンドン、ニューヨーク、ロサンゼルスが同じような立場にあった。一九二九年、ポール・モーランは「ニューヨークは新しい分だけ、より美しく見える」[7]と書き、これに続きヘンリー・ミラーは一九四五年、「ロサンゼルスは他のどの都市よりも未来の印象を与える」と予言的な賛辞を贈っている。[8]しかし今日は東京、明日は上海、メキシコ、ムンバイ……つきつめて考えれば、未来のメトロポリスなど断片的に、しかもほんのひととき、とりわけ旅人の心に宿るにすぎない。どんなに予兆的に見えようと、ひとつの都市は今、そこにある人工物であり、己の過去を背負っている。

7 ポール・モーラン著、常盤新平訳「ニューヨーク」、『ニューヨーク拝見』（白水社、一九九三年［原書は1929］）に所収

8 ヘンリー・ミラー著、大久保康雄訳『冷房装置の悪夢』（新潮社、一九五四年［原書は1945］）

11 地理 Géographie

地形

コレージュ、日本式に言えば中学校に通っていたころ、私は東ローマ帝国の属国となった都市国家の概念を掌握するのに難渋した。この、かくも巨大な帝国は衰退し、一四五三年、ついにトルコ人らに占領される直前には首都コンスタンティノープルを残すのみとなっていた。[1] 東京は一度も包囲されることなく、要塞を築くこともなく、いく世紀もかけて、現在の物理的な規模の大部分を掌握するにいたった。首都圏は広さにおいてロサンゼルスを、人口でムンバイやメキシコシティを凌ぐにとどまらず、貪食細胞さながらに、西方の水田地帯や樹木で覆われた標高二〇〇〇メートル級の山々を呑み込み、さらに一〇〇〇キロメートル南方に広がる小笠原諸島まで包含する。だから東京は、今日のヨーロッパ、中国、インド、アフリカ、アメリカの大都市と比べ、地理的に自己完結している。もっとこじんまりした香港、ラパス、ケープタウン、サンフランシスコ、あるいはリオデジャネイロも変化に富んだ地形を造り出してはいるものの、東京は複合的で、海から山まで変化し、片方は田舎で人影もまばらで、もう片方は建物が林立し人口が密集している。こうして東京は都会の概念さえ問い直しているのである。[2]

1 実際には、この瀕死の帝国の首都周辺にいくつかの属国の断片と遠隔地ペロポネソスが残っていた。

2 東京都はその広さで県に匹敵し、二三区と都下三九市町村から成る。このヨーロッパで理解されている都市とは違う行政区域が、東京の地理を内包、形成している。また、隣接県を含めた首都圏の人口は三七〇〇万人で、じつに世界最大の都市圏である。

人口

東京の人口の疎密さが、右の「都会とは何か」という疑問をよく反映している。平均人口密度は一ヘクタールあたり五三人で、西洋の都市（同四〇〜八〇人）の中くらいに相当する（パリは著しい例外で、一ヘクタールあたり二四〇人を超える。この記録と勝負になるのは香港、ムンバイ、上海、ソウルなどアジアのほんのひと握りの大都市だけで、それぞれ順に一ヘクタールあたり六三〇人、四〇〇、二七〇、一八〇人である）。しかし、東京を構成する二三区と都下はそれぞれてんでんばらばらだ。都心の千代田区は、その五〇ヘクタールを空虚な皇居が占めているので、一ヘクタールあたり五〇人しかいない。ところが、上位二区、中野区と豊島区は同二〇〇人超とパリ並みである[3]。下町地区は江戸時代に同五〇〇人を超えたが、以後減少傾向にあり、現在は同一〇〇人に満たない。そして世田谷区をはじめとする、南西部の住宅街の平均密度は同一五〇人、最西端の山間地、奥多摩町の密度はゼロすれすれである。複合都市、東京は〇から二〇〇まで振幅する。

3 ただし、フランスの首都パリの最密集地区の人口密度は一ヘクタールあたり四〇〇人に達する。

三幅対の画 12

Trois tableaux

はじめに視覚と嗅覚ありき。

その一、海濱之圖

日本に来たのは一九八五年一〇月八日、海軍士官ピエール・ロティより一〇〇年遅れてのことだ。この間に海の道は空の道へと引き継がれていた。東京成田国際空港に向かって東側から降下を始めたボーイングの窓に太平洋を縁取るベージュ色の長い筋が立ち上がる。淡くはかない筆の軌跡が、海岸風景を刷り込んだ一枚の版画の上にさっと引かれる。左手には、浮世絵に繰り返し登場する円錐形の富士山が群雲のなかから浮かび上がり、この光景を見下ろしている。この一筋の線、このどこまでも続く砂浜の名は九十九里[1]。何年か後に仲間と週末を過ごす折りに、その太平洋をまたぐ性格を私は知ることになる。ここは首都に住む「カリフォルニアナイズド」されたスポーツ愛好家たちが「コースト」最良の巻き波に誘われてやって来る和製サーファービア[2]なのだ。飛行機はこの砂のロープを通過後、まだ数分間地上を滑空し続ける。一見変化に富んだ景観が一定の間隔で出現するが、けっきょくそれらの目玉模様は水田、宅地、ゴルフ場というたった三つの材料でできていることが分かる。一番幅を利かせているのは、セザンヌ調の平面的で角張った緑青と銀色のタッチを厳密に配置した長方形

連綿たる都市風景のここかしこに開いた穴

の幾何学模様。そこにあえて割って入ろうという図々しさを持ち合わせているのは、一段と暗い色調の木々と建物の塊だけである。さて、どちらの秩序が相手を邪魔することに成功しただろうか？　水田の規則正しい方眼の升目がこれらの木や建物の密集する断片を押し戻しおおせたのか、それとも、これらの丸い染みはとめどなく膨張し、日本の自給力を殺いでゆく癌細胞なのか？　ゴルフ場の不規則な形のコースを仕切る並木の暗く曲がりくねった笞傷《むちきず》、川、墓地をいくつか描き足すと、この最初の印象は完成する。

その二、葉叢之圖

大きな時差とあっという間に更けてしまう熱帯性の夜に当惑して、煤色に沈んだ都内に到着するころには、まだ陽の高いうちにタクシーに乗って後にした空港がひどく都心からはずれているように思われた。建築家アンリ・シリアニは「東京のカフェの少なさと国際空港の遠さは都《みやこ》の名折れ」と揶揄して憚らなかった。[3]今日、成田との距離は依然として縮まっていないものの、都心間近の羽田空港に再び国際便が乗り入れるようになったし、カフェテラスは大当たりをとった。この南都は夜更けが早く（緯度はチュニジアのスース、カリフォルニア州のサンノゼと同等）、商店街にはネオンサインが明滅し、住宅街は闇に沈む。私がたどり着いた目白界隈では緑道や庭の茂みが低層の建物の前を覆い、通りをなおいっそう暗くしている。あたりは人通りもほとんどなく、都会らしくなく、本当に人口三七〇〇万の大都市にいるのかと疑われるほどである。タクシーの運転手は行き先を探しあぐねて

1　里は昔の距離を表す単位で、一里が三九二七メートルに相当する。

2　「サーフィンの町」を意味するサーファーピアはレイナー・バンハムのロサンゼルスに関するカルト的著作のなかに詳述された四つのエコロジーのうちのひとつ目である、ただし東京はロサンゼルスとは違う。なぜなら、いくら近いとは言え、その太平洋の岸辺は千葉県にあるので、東京と直に接しているわけではない。日本の海岸が演じる役割はいまだに海水浴場が主流であり、郊外の高級住宅街に住む「サバーバン」族の天地とは言えない。
Banham (Reyner): *Los Angeles, The Architecture of Four Ecologies*, University of California Press, 1971.

いるようだ。頼みの地図と言えばＡ４サイズのコピー用紙に複写した案内図だけ。うっそうとした葉叢の奥に隠れて、和敬塾男子学生寮の古い建物は穏やかに私を待っていた。[4] 花のひとつも植わっていない素っ気ない小区画だが、珍しい地名がついていた。人呼んで「迷白《めいじろ》通り」。

3 一九八七年、東京日仏会館で開催された討論会、"La qualité de la ville. Urbanité française, urbanité nippone(都市の資質。フランスの都市性、日本の都市性)"のなかでの発言。

4 ビートルズの曲名を冠した村上春樹の小説『ノルウェイの森』のなかに和敬塾に触れたくだりがあるのは愉快な偶然である。

その三、にほひ之圖

この出迎える人もない暗い庭園が旅の終わりの地なのか。ともかく目的地にたどり着いたことに安堵し、タクシーを降りる。すると、ある香りが私の嗅覚受容体を鷲掴みにする。それは庭園が放つ、植物の湿り気と腐葉土のカビ臭さを合わせた薄ぼんやりした匂いである。都会のど真ん中をうろうろした末に古びた館にたどり着いた旅人を、世界最大の都市は薄暗がりのなか、秋の森の下草が分解していくカビ臭い香気で出迎えたのである。あれから二五年。神無月、霜月の自然があの生気のない匂いを放つたびに、あの日と同じように嗅覚調査に駆り立てられる私がいる。

13 生き物と物 Bêtes et choses

初めての朝、生き物

知らない街の探検は、ボードレールの万物照応作用に負けないくらい雑多な感覚のアッサンブラージュを提供してくれる。ニッポンで初めての鶏鳴を迎えるや早々に、アメリカのキャンパス学生寮よりもル・コルビュジエの修道院を思わせる厳粛な男子寮を抜け出し、早稲田の近隣地区をぶらつく。神無月は温順で、関東地方には小春日和が繰り返し訪れる。小さな橋のたもとでは、脚と首を突き出したクサガメが平たい石の上にひしめき合いながら、褐色の甲羅を日干ししている。

このように大都会の真ん中で人間と野生動物が共存している様にはいつも驚かされる。かなり長大なシマヘビがバス停の乗降客の足下を横切っていくのを見かけるのは稀ではないし、郊外の住宅の庭先や旧家の床下で生まれた毒蛇、マムシに遭遇することさえある。黄色いソックスを履いたアオサギやシラサギが川面に爪先立ちになり、ぎくしゃくした動きで獲物探しに没頭している。飛行の名手か、それとも泳ぎの巧者か――極彩色のカワセミと黒ずくめの鵜が、傍らで川遊びに興じる少年たちの馬鹿騒ぎには耳も貸さず多摩川に飛び込む。晩はアマガエルとウシガエルが歌を競い、昼はカラスがしわがれ声を響き渡らせる。耳をつんざく季節の歌が「途方もなくかぼそい喧噪を大音量で響かせながらセミからコオロギに引き継がれる。黒地に黄の縞模様の巨大なオニグモが公園の茂み、民家の庭や庇に不敵にぶら下がっている。狩猟をするコウモリが、誰そ彼《たそがれ》どきの駐車場の上を急旋回する。夜が更けると、詮索好きのタヌキやハクビシンがこそこそと巣穴から出てくる。さらに、いく名かの物好きな飼い主の手から逃れた異国情緒たっぷりの鳥獣までもが、無遠慮に出没するようになった。たとえば南米原産の大型げっ歯動物アグーチ、はたまた異郷の空から渡ってきたミドリインコの飛行隊。たしかにケープタウンの一部の地区には野生のペンギンが、ロンドンの公園にはキツネやキジが、パリの公園にはフクロウがいるが、これほど間近に野生生物が存在することはむしろ稀である。ちなみに、この東京の生態系は、汚染されていない環境に由来するというよりも、おそらく、ここの住民たちの神道および八百万《やおよろず》の神信仰に深く根ざした市民精神に由来しているのであろう。価値観が逆転した今、この同じ市民精神ゆえに、東京人は隣人が勝手放題にふるまっても見て見ぬふりをし、篠原一男によれば、さらにもうひとつの野蛮行為、すなわち建築の「野生」化を招いている。[2]

1 ジョルジョ・バッサーニ著、大空幸子訳『フィンツィ・コンティーニ家の庭』（新潮社、一九六九年［原書は 1962］）

2 本書75「永遠」を参照。

初めての朝、物

しばしのち、とある並木道を進んでいくと、樹木も、他の舗道の役者たちもまばらになり、あっと驚く光景が目の前に広がる。なんと、さまざまな家具が歩道を占拠しているのだ。今や廃れたモレスキン張りの肘掛け椅子、おんぼろで不揃いの椅子たちが雑然と並べられている。これは物をもてあました、思いやりある近隣住民が、停留所でバスを待ちわびる、見知らぬ人びとの疲れを癒すために置いていったものだ（これを「捨てる」とも言う）。今にも崩れそうな商店。その間口は狭く、がらんとした一階からは露店の陳列台が飛び出している。行儀よく積まれたゴミ袋の山は、貪欲なカラスに食い散らかされぬよう緑色の軽いナイロン製のネットが被せられているが、清掃車を待つ間に崩れてしまっている。プラスチックフィルムで化粧された清涼飲料の自動販売機が並んで妍を競い合う。無数の電線、電話線の奏でる協奏曲も忘れてはならない。それらの臓物は、コンクリート製の指にがっしりとわしづかみにされて、ほどけぬように留められ、路地に縞模様を刻み、家を引っ張っている。木はと言えば、桜の木の大多数が逆立った枝ぶりで建築線の秩序を乱しており、またその丈の低さが、ある別の都市を思い起こさせる。セビリアだ。スペイン高速鉄道網ＡＶＥの開業以前はマドリード発セビリア行きの夜行列車が走っていた。この夜汽車に揺られてやってきた乗客が早暁、アンダルシア州都の駅舎を出ると、オランジュ・ブール（丸い枝ぶりで金柑に似た小さな実を結ぶ矮性オレンジの木）の花が放つ瑞々しい朝の香りに出迎えられたものである。パリの街路を大きく立派に見せているプラタナスとマロニエの威風堂々とした並木とは対照的に、セビリアの玄関口に植えられたこれらの樹木のエメラルドグリーンの球を串刺しにしたような短い幹は、都市と街路にミニチュアの外観と縮尺基準を与えている。桜並木が同様の効果を与えているここ東京でも、矮小化の「マイナーモード」が優位を占め、アンダルシアの州都や四方を水平線で囲まれたオランダのいくつかの都市を彷彿とさせる一方で、ところによっては巨大なモニュメントの断片も見え隠れする。しかし、こうした注記を譜面に書き入れたところで、点在する個々の音符、つまり建物に影響を与えるのが関の山で、都市の楽句《フレーズ》をまるごと変えることはできない。だからヨーロッパの大都市ではおなじみの見通しのよい透視図法的眺望や樹状に伸びていく幅広い道路にはお目にかかれないのだ。

午後／夕 14

Après-midi / Soir

初めての午後、モニュメント

同じ日、私は丹下健三が設計したふたつのオリンピック体育館を訪ね歩く。[1]ふたつの曲線がつくり出す、この絶妙のパノラマ。ひとつは量感たっぷりでのっぽ、もうひとつはコンパクトで螺旋を描く。両者は代々木公園の石造りのテラスにただ並んで置かれているにすぎない。パノラマの視界からいくぶんはずれたところに表参道の巨大な軸が配置されているが、これが行き着く先には……なにもない。赤信号灯がただ一本突っ立っており、クスノキとスダジイの鬱蒼とした樹林が、体育館とは関係ないもうひとつのモニュメント、明治神宮のつづら折りの参道を覆い隠している。その明治神宮自体も公園のなかにすっかり埋没している。これらの近代モニュメントに誘導する仕掛けは何もない。それはあたかも中世ヨーロッパ都市のゴシック式大聖堂に習っているかのようだ。そもそも大聖堂は脈石のなかに塗り込められていた。この脈石の覆いがきれいさっぱり取りのぞかれ、聖堂とその入口が露出したのはルネサンスおよび古典主義時代が到来してからである。その大きさからしても、その存在意義からしても、れっきとした記念建造物であるこのスポーツ施設を見通しのよい眺望のなかに配置するのを着実に避け、拒絶するためのありとあらゆる配慮がなされているのが代々木地区である。[2]

一九六四年[3]、日本が焦土のなかから不死鳥のごとく蘇り、国際スポーツ、政治経済の檜舞台に戻って

5:00

きたことを盛大に祝った、おそらく戦後建築で最も有名なこの現代のアイコンは、こうして表参道の終着点に置かれ、なかなか見つからないようになっている。そこにはかつてアメリカ進駐軍の宿舎、ワシントンハイツがあった。それを取り払って建てられた領土奪回のシンボルがこのふたつの体育館だ。見事な習合の様式美をともなうその建築効果により、外界に向かって開かれた政治姿勢を体現している。ここに凝縮された時空間を大雑把にまとめてみよう。中世の堀の巨大な石垣から借用した網目状に組んだ土台の上に築かれた広大な敷石のテラスが、ふたつの広大なコンクリート製パビリオンを支えており、それをすっぽり覆うカーブした屋根の突出部は神社の重厚な庇への照合と双曲線の放物面、より官能的に言えば馬の鞍の現代的な有機性を融合させている。[4]

大空に突き出した第一体育館の懸垂曲線と渦型持ち送りのアスリートのような力強さにじっくり見入った後、私は不規則な形の石が敷かれた広場を横切り、第二体育館に入る。巻貝状の屋根がバスケットボールの試合を威圧的に見下ろすと同時に、優しく庇護している。この屋根を支えているのは頑丈な金属製チューブであり、それらは中央にモニュメントのように伸び上がり、先端を斜めに切り落とされた一本のマストに引っ掛けられている。この建築技術の祭典の下でのスポーツ観戦を決め込んだものの、地球を半周してきたばかりでまだ疲れていた私は、ほどなくまどろみ始める。目覚めるとあたりは誰もおらず真っ暗である。試合は終わり、選手も観客も去り、照明も消え、皆はこの不心得者の外国人をそっと眠らせておいてくれたのだ。ただひとりとり残された私は、方向感覚も奪われ、丹下が暗闇に仕掛けた罠にはまらぬよう四つん這いになりながら退出した。

1 国立代々木競技場第一体育館は当初オリンピックプールとして使われたが、近年は床で覆われている。
2 本書16「神話」を参照。
3 東京オリンピックは一九六四（昭和三九）年に開催された。
4 丹下健三は「国際様式」に凝り固まったモダニズムの幾何学的厳めしさよりもル・コルビュジエ的な可塑性に触発され、ブリュッセル万博ではル・コルビュジエのフィリップス・パビリオンを、アメリカではマシュー・ノウィッキーのJ・S・ドートン・アリーナ（ラレー市）、そしてなんと言ってもエーロ・サーリネンとフレッド・セヴェルッドのイエール大学インガルス・ホッケーリンク（ニューヘブン市）を意識しながら、当時の建築表現を刷新しようとした。

初めての夕、からっぽ

ルイ一六世が、バスティーユ牢獄襲撃の起きた一七八九年七月一四日の日記に書き記したように、「本日は……なにもなし」。精根つき果て寮に帰り着いた私は、新宿のネオンサインの啓蒙にも与らず、その奥に控える平民階級の後宮、歌舞伎町で火傷することもなかった。[5]

5　一九五〇年代に誕生した歌舞伎町地区はパリのピガールや芸術家、知識人の愛する自由奔放なモンパルナス、はたまたブロードウェイやゲイ・ヴィレッジ等を色とりどりに混ぜ合わせたチャンポンの世界を提供している。

15 道理 Raison

道徳

東京を発見すること、それはイタリア人建築家フランコ・プリーニが言ったように「神の不在」の証拠を発見することだろうか。「この寸言はいかに衝撃的であれ、今までに何度も聞いたことのある、「この都市に超越的な秩序は存在しない」、別の言い方をすれば、「カオス（混沌）の存在を確認した」といった類の批判のひとつにすぎない。こうした都市概念をめぐる古典的で、とりわけ道徳的な西洋人の見解に触れると、もうひとつの意見に思いを致さざるをえない、「世俗建築と宗教建築、いずれの

NOBUMASA TAKAHASHI 2010
9:00

建築美の探求を擁護する者も、己の大志を正当化するため最後にきまって引き合いに出すのが『人間は、どこにあっても等しく才能を開花させることはできない』という現象である」[2]。形態（ゲシュタルト）心理学と社会倫理の入り混ざったこれらの見解にしたがえば、あらかじめ想定された図が存在していなければならない。それは理想の形態であり、よって、分類はその完璧さにどれだけ近いかに応じておのずとなされてよいはずである。ある都市環境の攻撃性や孤独感を否めないとすれば、なおもその性質を詳らかにして、そこの住人の認識と比較し、相対的に検証する必要があろうか。幸福な東京人[3]だってすこしも特別な人間ではないのだから。日本が世界第二位の経済大国となり（二〇一〇年以降は中国に抜かれ第三位）、借りはすべて返したと思っていた時代に、この国のいく人かの建築家たちが批判に答えるべく、他ならぬこのカオスを持ち上げた。だが、たとえば硬直化したパリ（ローマ、マドリッド、ウィーン、サンクトペテルブルクもしかり）に対して、東京を柔軟なアメーバ[4]になぞらえ、このアメーバは、個性を自由に表現でき、自由な企画が実現できる世界の物的メタファーである、とすると、今度はこちらの言い分が相手の言い分と同様に政治道徳色を帯びてきてしまう。

1 リヴィオ・サッキが引用した発言。Sacchi (Livio): *Tokyo, Architecture et urbanisme*, Flammarion, 2005 (édition originale 2004).

2 de Botton (Alain): *L'architecture du bonheur*, Mercure de France, 2007, (édition originale 2006).

3 フィリップ・ポンスはその著作で、新宿の夜とそこに遊ぶ人びと、日本の通りと盛り場のにぎわいに、かなり多くのページを割いている。また、東京の書店の棚はいつでも名所や穴場、感じのいい居酒屋、高級レストラン等のガイド本で花盛りである。フィリップ・ポンス著、神谷幹夫訳『江戸から東京へ——町人文化と庶民文化』（筑摩書房、一九九二年［原書は 1988］）

4 芦原義信著『隠れた秩序——二十一世紀の都市に向かって』（中央公論社、一九八六年）

神々

では逆に、都市とその建築を倫理的考察は一切抜きにして検証してみよう。東京の顔は一貫性を欠いているように思われるが、それでも独自の特徴はある。私はそれをこれからざっと描いてみたい。アリストテレス学派の思想、あるいはキリスト教神学における美とは違い、東京の美は完結した全体のなかに宿るわけではない。プリーニが持ち出した神の不在論に対する日本式存在論の真の答えはたったひとつ、それは八百万の神の存在である。この増殖する神道の神々はいたるところにいる。東京の周辺の人影もまばらな山々の森のなかにもいるし、もしも天皇がまだわずかでも原初の神々しさをとどめているのなら、あの植物が繁茂した「空虚な中心」[5]にもいる。岩という岩、木という木、川という川、小径という小径に増殖するこれらの存在は、一神教的世界観ではなく、多神教的世界観から生まれる。東京に一貫性がないこと、それこそが神々が存在することの証である。

5 本書24「カオス」を参照。

16 神話 Mythe

逆説その一

東京を初めて見て回ると、ネフスキー、ブロードウェイ、ランブラス、コルソロマーノ、シャンゼリゼといった大通りの透視図法的眺望もなければ、サンピエトロ、トレスポデレス(三権広場)、天安門といった広場もないことに気づく。東京は形象を有する都市ではなく、てんでばらばらで散漫な都市である。

もっとよく探すと、本物の広場は姿を消し、その代わりに軸の存在が浮かび上がってくる。軸はこの都市のあちこちにむしろごろごろしているが、その出現の仕方は曖昧さを帯びている。道筋が折り曲げられていたり（銀座シケイン）、途中でおぼろげになったり（迎賓館赤坂離宮のフェンス）、あるいは出口が台無しにされていたり（表参道の終点にあるのは何もない眺望だし、東京駅からまっすぐ伸びるモニュメンタルで巨大な軸のつきあたりに見えるのは、じつのところ皇居の隅櫓である）。軸はこのようにあしらわれているのだ。例外は一部の神聖な建造物の存在を告げている軸だが、かと言ってそこに到達するわけではない。[1] だから、場所は記述可能な幾何学的形態ではっきりと現れているのではなく、じつは形が定かではないことが分かる。それでもなお、その場所は存在するので、さまざまな記憶の地図が形成されることになる。「折りたたみ式の地図などで参照する都市の図と、その都市の名を聞いたときにわれわれの脳裏に浮かぶ画像、すなわちわれわれの日々の放浪によって記憶のなかに堆積していく物との間には何も一致するものがない。[2]」新宿は渋谷とは違い、渋谷もまた銀座、六本木、赤坂とは違う。木と鉄とコンクリートでできたドゴンのマクロビレッジと電化されたカスバをごちゃ混ぜにしたような過剰さが記憶に蘇る。不定形で変幻自在な都市密集の神話、東京。その迸《ほとばし》りのなかから、その可塑性によって、この都市独自のアイデンティティが生まれる。それは「流転」だ。

1 歴史的には門前町のように軸が利用されることもあった。この「モンゼン・マチ」という、不思議にもフランス語的響きを持つ言葉は、寺の領地を仕切る木造の重厚な門の前にいたる広くてまっすぐの商店街を幹線道路とする地区の呼称である。門前町の軸は、昔ながらの街道沿い集落とその中心からはずれた山の麓の聖地や寺社を結びつけていた軸そのもののシンボルである。しかしこの形態は、こうした門前町の起源と京都に見られる中国の影響以上に、都市を組織する役目は果たしていない。

2 ジュリアン・グラック著、永井敦子訳『ひとつの町のかたち』（書肆心水、二〇〇四年［原書は 1985］）

逆説その二

数年前のある発見のことを思い出す。ある若手同業建築家の手がけたアフリカ展の壁面に世界のさまざまな都市の代表的地区の白黒、ポジネガ、前景背景の地図三〇点ほどで構成される一枚のポスターを見つけた。そこにいくつかの都市を識別できた。なかには一度も行ったことのない場所さえ少なからずあった。それなのに築地近辺の一地区を切り取った大きな地図は私の目に留まらなかった。不思議なことに、私にとってその地図には東京を識別するための目印となる物的要素が欠けていたのだ。一方、都市の断片の選び方には、とくに目を惑わすような意図はみられなかった。またしてもこの流転だ。

17 スケール
Échelle

アンリ・ミショーは書く、「日本には大河が欠けていた」[1]。
トヨタが答える、「スモール・イズ・ビューティフル」[2]。
ダイハツはさらに先を行く、「ワンダフル・スモール」。

1 アンリ・ミショー著、小海永二訳「アジアにおける一野蛮人」、『アンリ・ミショー集』(丸善、二〇〇八年[原書は1933])

2 E・F・シューマッハーの同名の著作の参照であり、サイズのことを言っていると同時に、自動車メーカー、トヨタが証明したい人類にとってのメリットのことを言っており、技術・経済的基準のことではない。

18 異世界

Un monde nouveau

発見

二日目の朝早く、私は東京のヴェールを暴きに出かけた。

現代性

アメリカ合衆国、それは「空間が思考そのものとなる」[1]国。ジャン・ボードリヤールに言わせれば、個人の幸福を地上において具体的かつ実利的かつ精神的に実現することを第一義とする過去のない社会であり、ヨーロッパ社会の硬直から解放された、「実現したユートピア」である。彼はこうも言っている。アメリカ、それは精神的深みのない、見かけ倒しの、脱領土化の世界、中心からはずれた世界の中心であり、ゆえに己の富と古い文化の重みで首のすくんだヨーロッパ人にはけして到達できそうもない近代性を表象している。

1 ジャン・ボードリヤール著、田中正人訳『アメリカ——砂漠よ永遠に』(法政大学出版局、一九八八年[原書は1986])

置き換え

それでは日本や東京を同様の弁証法にあてはめることができるだろうか？　この島国をヨーロッパ語で語ると、第三の名辞を何にするかという問題が生じる。「古いヨーロッパ」と「新世界」アメリカをのぞく世界は「異世界」だろうか？　もし「新世界」が近代に実現したユートピアだとしたら、この「異世界」は何を表象しうるだろうか？[2]

だが日本はヨーロッパ人の想像するような世界ではない。日本の過去には歴然とした社会関係（たとえば都市における関係）があった。それは日本が古い社会であるからだが、その歴然とし方が違っていた。日本の社会関係はヨーロッパの硬直性および市民性とは別ものである。この国の都会のありとあらゆる残酷な現実も、アメリカのゲットーにおけるジェントリフィケーションと貧困化といった極端な現象と比較することはできない。物的な隔離現象は「(被差別)部落民」[3]、「在日コリアン」、「ニコヨン（日雇い労働者）」と呼ばれたマイノリティの居住区、あるいは公園や川端に段ボールやビニールシートでつくられたホームレスの住処《すみか》に見出せるが、これらはその規模においても、疎外感においても、南米のファヴェーラ、アフリカのビドンヴィル（偽の都市）、インドやアメリカ・ブロンクスのスラムといった相続財産のない貧民窟に及ぶべくもない。[4]日本にも西欧のように、いわゆる貧民街はある。だが、西欧のそうした地区にはしばしば暴力がはびこっているのに対し、日本ではなんらかの福祉保護の仕組みが存続しており、荒廃が抑制されている。

だが、われわれヨーロッパ人は、このわれわれのものとは異なる伝統、明治以来われわれを手本とし、ほとんどユートピアとし

2　このものの見方はいまだに断片的なままで、近年国際ゲームにおいてますます台頭しつつある中国およびインド世界のことを忘れている。その理由は何と言っても、この一度現れては消え、再び姿を現した幻の島アトランティス、西洋の支配に初めて異を唱えた非西洋大国が、西洋との利害関係を最優先させたからに他ならない。

3　この「(被差別)部落民」と言う呼称は、実際には仏教の伝統で不浄とみなされていた動物の解体処理、皮なめしといった生業（なりわい）に従事する職人らを指す。

4　明治時代の殖産興業の初期、東京、そしてとりわけ大阪で、労働者階級の集中する不衛生地区が形成され、居住環境が劣悪化したが、一九六〇年代の高度成長期に解消された。

て選んでおきながら、まるで一過性の商品であったかのようにわれわれをわれわれ自身のユートピア、アメリカにすげ替えてしまったこの競合文化を目のあたりにすると動揺を覚える。すでに指摘した鏡像効果を通り越して、この花から花へと飛び回り蜜を盗む様は、われわれの目にはほとんど無節操に映り、われわれに己の文化を借り物の価値として見つめる視点を提案し、近代性を追い求めてわれわれが歩んできた苦難の道のりはいったい何だったのだろうと思わせる。

更新

現代の東京はヨーロッパ人にとって、「建設されたパラドックス」を表象している。己の文化をケロリと忘れ、キッチュと言おうか、見かけ倒しと言おうか、字義どおりで、おまけにユートピア的次元を欠いている。すでにどこかで見たようでありながら、一度も見たことのない印象、言ってみれば、模範も理想も思念しない自由さがそこにある。東京は繰り返し訪ねると、曖昧な寓話、「モダン」になりそこねたエキゾチックな都市として浮かび上がってくる。それは多くの商店街を見れば分かるように、視覚的には、啓蒙思想家たちのユマニスト的理想をアメリカのだだっ広い郊外に無料で月並みな方法で実現した風景よりもむしろ、リドリー・スコットの映画『ブレードランナー』のテクノ調かつ錆びついた背景映像に近い[5]。

建築家・磯崎新にとってル・コルビュジエの「輝く都市」の明るく、合理的で、秩序立った、太陽神アポロンのごとく理知的な造形美のビジョンは戦争の破壊を知る前の思想の生き残りにすぎない。彼によれば、日本の都市は今、廃墟という暴力的なものさしで測られていると捉えられており、この廃墟は戦争、あるいは経済変動によって生じるものであるという。しかし、この主張とは別に、西洋のアポロン的美には時効の運命が待ち受けている。[6]オーギュスト・ペレが言うように、建築とは美しい廃墟をつくるものであるが、東京にはそのような宿命を負ったものはほとんどない。東京はある一定の骨組み（インフラストラクチャーと土地区画）の上に四〇〇年も存続していながら、新しい臓器と皮膚病（建物）をことさらにひけらかしている。[7]東京において建築とは流行の最先端をいく、さもなければ賞味期限の過ぎたファッションなのだ。この異世界は、本質的につねに未来志向の世界であり、古色を慶ぶ世界たることをやめてしまったのである。[8]

5 反射効果がここに認められる。なぜならこの映画の夢幻的な都市背景は、たとえば歌舞伎町のような東京、ロサンゼルスの歓楽街から着想したものであるからだ。

6 磯崎新著『建築の解体——一九六八年の建築情況』（鹿島出版会、一九九七年［初版は一九七五年、美術出版社］磯崎新は都市を第二次大戦の空襲あるいは原爆投下による都市消失の目撃証人の目から見つめていた。また、彼はこの著作が刊行される前の一〇年間のすさまじい経済発展にともない噴出したありとあらゆる都市環境破壊の目撃証人でもあった。

7 本書26「起源」、44「都心」を参照。

8 築数百年の建造物の数々を誇る京都としばしば対比されるように、東京には江戸時代にまでに遡る建物はたしかにきわめて稀である。江戸城の堀、浅草神社、小石川後楽園の庭、上野の旧寛永寺五重塔、その他いくつかの例外が今もなお、消滅の法則を身をもって証明し続けている。

19 エントロピー

Entropie

目印

ヨーロッパに工業都市が誕生し、これへの批判が起こったのは一九世紀のことであるが、アメリカでは次の世紀の一九七〇年代まで都市論が時代を画する。都市の機能不全の打開策としてさまざまなバージョンの「ガーデンシティ（田園都市）」に救いを求めた挙げ句に、一九六〇年代になると都市を弁明する評論が相次いで出された。ジェイン・ジェイコブズはニューヨークの街路を、レイナー・バンハムはロサンゼルスのエコロジーを、ロバート・ヴェンチューリ、スコット・ブラウン、アイゼナワーはラスベガスのストリップ通りを、レム・コールハースはマンハッタンの過密状態をそれぞれ弁明した。[1] これらの思索は二〇世紀を画する標柱として打ち込まれた都市の秩序と無秩序、生と死、暴力と人間性、醜と美、都心と郊外といった近代的対立を超克しようとした。しかしアジアの妹分として近代都市論の舞台に遅れて登場した東京を、西洋の近代都市で生まれた思索のものさしで測れるだろうか？　東京が地理的にも歴史的にも、己の大地にしっかりと根ざしているのであれば、世界経済の大工業都市およびポスト工業化した大都市の部類に入るはずであり、東京はまさにその両者の狭間にある。今日の大都市に共通する問題は、東京にもあてはまるのだ。

北米の都市を思索した世代のアーバニスト、ケヴィン・リンチは、近代的都市批評の最後の試みとでも言える著作のなかで、現代アメリカの都市に欠落している可読性と包括的な意味を補い、都市を美しくするための道具立てを定義しようとした。[2] 彼によれば、ある都市の住民は、支配的な記号、物、目印となる構造物をもとに、その都市の心的表象を構築していると言う。問題のある地区とは、心にその像が結ばない地区である。ときには競い合うように、ときにはただ並んで敷設された、現代のありとあらゆるインフラストラクチャー網の錯綜と、無作為な単発工事の積み重なりにより、誰が見ても美しいと感じるであろう、すっきりと見晴らしのよい都市景観の形成が阻まれているというのだ。しかしリンチの考察は、そのユマニスト的な細やかさにもかかわらず、決定的な過ちを犯している。それは「イメージアビ

1　アルド・ロッシ、もっと古くはル・コルビュジエをのぞき、ヨーロッパ人と日本人は、研究書の出版よりもプロジェクトを通じて、現代都市に向けた提案を行うことを優先させてきたように私には思われる。

2　ケヴィン・リンチ著、丹下健三、富田玲子訳『都市のイメージ（新装版）』（岩波書店、二〇〇七年［初版は一九六八年、原書は1960］）

リティ」すなわち、都市の心象風景の浮かびやすさを判別する拠り所のひとつとして、単純な形態が必要であるという先入観に囚われている点である。この先入観に反して、東京の迷宮と周辺の村の寄せ集めは、絵になる景観を提供する役割だけを担っているわけではないので、単なる無造作と一緒にしてはいけない。

可読性

リンチの中心理念は、空間そのものに内在する、しかも知覚可能な明瞭さと優劣のつく位相空間配置である。東京の空間はたしかに分析可能である。だが、その空間構成は、こうした「読みやすさ」を奨励しない。東京には数多くの独自性があり、それらが都市イメージの一貫性を乱している。一方では、道と路地が織りなす迷宮さながらの網が広がり、建物のスケールはそこら中で変化し、調和の論理にがんとしてしたがわない建物同士が並んでいる。[3] だが他方では、街区の空間を構成する「丁目」がすべての奥行きに及び、ヨーロッパの街区の前と後ろ、公と私という双対関係の発生を防いでいる。[4] こうした特徴に加えて、一部には番地表記が存在しない地域もある。だがこれらは現地の住民の理解や心象風景形成の妨げにはなっていない。むしろ、西洋人を困惑させる、あるいは魅了するものは、何と言っても日本独自の位置照合システムと、世界最大の都市、世界第三位の経済大国の首都らしい外観をなかなか呈しようとしない点である。この中世主義とも、第三世界主義とも呼べる印象には驚かされる。中世主義と言うのは、中世ヨーロッパ都市の有機性に通じるものがあるからで、第三世界主義と言うのは、一部のアフリカ、アジアの都市のようにたしかに発展はしているものの、うまく制御されていないからである。また、ある集落で一軒の家を探し当てるとき、いくつかの主要な道路名は分かっていても、あとは番地よりも「〜のそば」といった近隣の物的な目印を頼りにするというのも、われわれにとっては驚きである。だが皮肉なことに、江戸時代の区画にしたがい碁盤の目状に配置された銀座地区に来ると、いつもの住所表記方式の欠陥と、建物が比較的一様に揃っているせいで、しばしば位置見当をつけるのが難しいことがある。[5]

3 本書59「道」を参照。
4 本書49「奥」、51「細分化」を参照。
5 東京の住所表記のお粗末さ（道路名は稀で、建物は位相的順序ではなく時系列的順序で分類される）が位置見当のつけにくさ、すなわち理解できないという感覚に加わる。だが、それはいずれの場合も形態そのものに内在する問題ではなく、むしろ体系（コード）の違いの問題である。

美

パリ、ニューヨーク、ロサンゼルス、上海、東京に啓蒙思想の「善良なる野生人」をパラシュートで投下してみよう。彼はこの五都市のどれに一番疎外感を抱くだろうか？　どれが一番謎めいておらず、どれが一番早く彼を堕落させるだろうか？　定めし、アラブ世界の市場、スークの逸話からすれば、彼がもともと住んでいた環境に一番近い都市であろう。[6]リンチの方法はケースバイケースでしか適用せず、これらの与太話のような質問が、その馬鹿馬鹿しさによって証明するのは、何が醜で何が美か、何が読みやすく何が混乱か、と仕分ける行為は、プラトン学派が理想とする「客観的現実」が存在するという間違った思い込みにもとづいているという点である。リンチの理念は多くのアメリカの都市に応用され、おかげで一部の地区の価値が上がった。そこでこのセオリーは極端に簡略化されて、これに合わせてわざわざ計画されたヨーロッパ式の道路と街区が首都圏東端の郊外のニュータウン、幕張に造られた。

6 Roncayolo (Marcel): *La ville et ses territoires*, Editions Gallimard, 1990.
マルセル・ロンカヨロはこう報告している、「西欧都市における一部の移民は、現代都市計画の古典的秩序立てや弁証法的区画割りよりも、スークを再現した、いわゆる無秩序のなかに身を置くほうが居心地よいと感じることが知られている」。

地区は整然とし、調和さえ見出せるが、ここにぽつんと置かれた鯱張《しゃっちょこ》った借り物は、深い意味のない容れ物にすぎない。まるでアップリケのように周囲から浮いた単純な記号は、都市に読みとりやすさ、つまり期待された新たな美をもたらさない。じつのところわれわれの秩序の概念は、われわれの習慣が日々進化を重ねてきた文化的、物理的枠を超えるものではない。東京は別の空間性に慣れたヨーロッパ人の目には、いまだに雑然として見える。東京はその住民にさえも、己の行きつけの地区から一歩外に出れば、やはり雑然として見えるのだ。[7]

7 これは何度も確認したことだが、方向感覚を持ち合わせた日本人とヨーロッパ人がいた場合、日本人のほうが明らかにやすやすと東京の新しい道順や新しい場所を理解し、とりわけ記憶することができる。この認識体系を形成するものが何であるかをくわしく解明した研究事例があるかどうか私は知らないが、ごく幼少期から都市環境に慣らされていることが寄与しているのはたしかである。

20 カタストロフィ

Catastrophe

コルブ

未来都市の姿を先取りした日本の首都、東京はその混沌とした外観を通じて、ル・コルビュジエが都市計画の「カタストロフィ（破局）」をマンハッタンに見出したときに発したコメントに今日性を与えている。東京は二重の意味でカタストロフィを象徴する場である。ひとつ目は中国、ヨーロッパ、アメリカ特有の形象とグリッドで構成される都市計画にもとづく、秩序立った都市の死という破局。ふたつ目の破局はこれよりはるかに恐ろしい。それは自らの終焉である。一九二三年九月の震災、一九四五年三月から五月にかけての空襲という黙示録的大惨事に二度までも見舞われた挙げ句に、もうひとつのアトランティスさながらに再び忍び寄る巨大地震によって今一度、破壊されようとしている。

コールハース

ル・コルビュジエの警句に続いたのがレム・コールハースの「過密遡及説」である。この現代都市をグローバルな視点で理解しようとする最後の試みのひとつは、彼のマンハッタン形成の研究から導き出された。[1] 他の首都と同じく、過密は東京にもたしかに存在し、東京を特徴づけている。だが過密が今日の都市性の意味を汲みつくしているわけではない。東京はこのグローバルな都市観、「マンハッタニズム」にあてはまると同時に、チームX《テン》の近代改革者たちが展開した「ローカリティ」[2]の概念、あるいはもっと近年の「グローカル」（地球規模および全般的という意味の「グローバル」と「ローカル」の合成語）という言葉にもあてはまる。こうして東京は現代の大首都にふさわしい回帰性と、もっと内輪の親密な味わいとを併せ持っているのである。コールハースの呪術的試み

1　レム・コールハース著、鈴木圭介訳『錯乱のニューヨーク』（ちくま学芸文庫、一九九九年［原書は 1978］）
西洋都市に関しては、国際規模の研究が多数存在する。しかし、OMA および MDRDV の著書をのぞけば、都市とその建築に関する主要な理論書は一九七〇年代に出つくしている。たとえばアルド・ロッシの『都市の建築』、レイナー・バンハムの *The Architecture of Four Ecologies*、レム・コールハースの『錯乱のニューヨーク』、アイゼナワー、スコット・ブラウン、ヴェンチューリの共著『ラスベガス』等。一方、日本側でこれらに相当する主要な著書は、やはり同年代に出されているが、国際的に読まれているものは多くない。たとえば都市デザイン研究体の『日本の都市空間』、芦原義信の『隠れた秩序——二十一世紀の都市に向かって』、槇文彦の『見えがくれする都市』等が挙げられる。

におけるマンハッタンの（機能的にも意味論的にも）計画的な垂直密度は、建築家たちにとってきわめて実り多いものであったが、これは暗にビジネス街にかぎられていた。このビジネス街はたしかに巨大で、あらゆる付帯設備（店舗、レジャー施設、そして住居も）をともなっているが、結果としてその延長である「郊外《サバーブ》」が軽んじられた。この郊外こそがロサンゼルス、あるいは東京の水平の広がりという現代のもうひとつの典型例《パラダイム》なのである。だが、ロバート・ヴェンチューリがディズニーランド[3]とラスベガス[4]を讃えて述べたように、郊外の広がりと過剰さは日本とアメリカの支配的現実である。東京は一九九〇年代の終わりから突如として垂直化したものの、太平洋の向こう岸の従姉妹ロサンゼルスと同様、その草創期からずっと水平であり続け、今でもなお大部分は水平のままである。とどまるところを知らずに拡大する過密、マンハッタニズムの極みの格好例が、新市街地区に七〇〇〇棟の高層ビルが林立する上海である。

入れ子構造

東京の過密はアメリカの姉妹たちの過密ぶりとは次元が違う。過去一〇年間に六本木、汐留、品川地区に新しい高層ビルが雨後の筍のように発生したものの、人口密度はパリ、マンハッタン、香港、ソウル、上海と比べれば大したことはない。[5]駅周辺地区をのぞけば、東京は人口密度を欠く建物の過密状態を示しており、それは実質よりもむしろ見た目の過密である。[6]ひしめき合う低層建築、不定形

2 ピーター・スミッソンが一九九四年三月に東京で行った講演会で引き合いに出した言葉。万国共通の機能的かつ還元的な近代建築の理想は、一九五一年にホッデソンで開催されたCIAM（近代建築国際会議）で批判されて以来問い直しが行われ、後にスミッソン夫妻を主要メンバーとするチームXが「ローカリティ」、「ストリート」等、いくつかの概念を展開した。

3 コーリン・ロウとフレッド・コッターがふたりの共著『コラージュ・シティ』（鹿島出版会、二〇〇九年［原書 1978］）のなかで引用したロバート・ヴェンチューリの記事。

4 R・ヴェンチューリ、D・スコット・ブラウン、S・アイゼナワー著、石井和紘、伊藤公文訳『ラスベガス』（鹿島出版会、一九七八年［原書は 1972］）

な区画割り（碁盤の目状に整った銀座・丸の内や民間分譲地をのぞく）、建築と公共スペース形成との関係をめぐる議論の欠如、席巻する商業主義と標識、「遠くとも一戸建て」へのこだわり、網目状に切り分けた、あるいは断片的な都市計画を優先させるがゆえに、正方形あるいは星形プランのように強い構成力を有する形象が欠如していること、一部の都市計画法規間の矛盾、そして美観上の規制が全般的に欠如していることがこの過密感を引き起こしている。[7]

だが、よく言われるように、「東京は無計画な都市だ」と書くのは短絡的である。今一度言おう。都市計画の意図が明瞭でないことと、計画が部分的あるいは断片的に実施されているという現実とを混同してはいけない。[8] 明らかに逆説的だが、東京は入れ子構造のように小規模の都市計画を無限大に反復させたものである。真のカタストロフィは拡大するアメリカの都市、あるいは上海、ムンバイ、ラオスといった新興国の大都市の側に探すべきである。「この国はありとあらゆる度を超えたものの最前線にいると同時に、ノイローゼの最前線にもいる」とロマン・ガリーは書いたが、この「ノイローゼ（névrose）」を「壊死（nécrose）」に置き換えてもまったくさしつかえないだろう。拡大する天然資源の浪費世界、ロサンゼルス（その広大な空間が浪費に加担している）においては、東京の鉄道交通網の効率性に代わるものは何もない。

5 パリの平均人口密度は一ヘクタールあたり約二四〇人に達するが、東京はその約四分の一である。しかし密度は区によって変わり、もしこれを大部分が二階建ての建物で形成される都市にあてはめれば高密度になることが分かる。

6 本書57「盛り場」を参照。

7 本書35「試み」を参照。

8 現在ヨーロッパでは、計画的な都市開発案件を立案しようとする意志とこの計画そのものの硬直性が議論の的となっている。別の言い方をすれば、政治経済の不確実性に翻弄されるしかない融通の利かないスキームにいかにして柔軟性あるいは可変性をもたらすか。

21 黄金時代

Âge d'or

旧き愉しき時代

産業革命は意味、スケール、形態の喪失をもたらし、ここから近代的首都の危機が生まれた。物質的非連続性、中央政府機能の弱体化、社会的貧困をもたらす用途別ゾーニングの出現、不衛生、人口過密、暴力。しかし誰もが知っている明々白々の歴史には、より主観的な臭いもまとわりついているものである。フランソワーズ・ショエはオスマン計画にもとづくパリについて、「道路と歩道とそれを縁取る建物のサイズ（間口と高さ）の厳密な相互比率によって、拡大規格のアーバンファブリックのなかにも目と身体に心地よい連続性が保たれた」と書いた。彼女はそこで「黄金時代」という語こそ使わないものの、調和のとれた都市神話への郷愁を語っており、その随所に「ゲシュタルト（よい形）」の主観的前提がありありと見て取れる。それは、「社会とはかくあらん」といった想定を暗黙のうちに実体に反映したものである。この懐かしいユートピア、中世であれ、古典であれ、ネオバロックであれ、かつて愉しかった都市は、アーバンファブリックのなかに固定される社会的隔離の現実から解放されている。でも、現代都市を構成するさまざまな物的、社会的要素間のトラブルが激化しないわけではなく、戦争あるいは不動産投機による破壊の衝撃が大きくならないわけでもなく、人口爆発や人口移動が突如として手に負えないスケールに変わらないわけでもない。愉しい都市は社会問題、

衛生問題に事欠かなかったのである。秩序と無秩序の真の相克以上に、今日の都市の現状と消滅した理想の状態との対立が明らかになる。それは集団と個の記憶と心理に関わる対立である。

東京は明らかに西洋の同等の都市よりも、この現代都市の愉しいイメージにあてはまる。「われらの眼下に広がる巨大都市には、ルネッサンス経由の古代からの借用であれ、ロマンティシズム経由の中世からの借用であれ、調和の美学に通ずるものは何もない。この都市にはむしろ『ミシンとコウモリ傘との、解剖台のうえでの偶然の出会いのように、美しい』というロートレアモンの美の定義のほうがずっと似つかわしい[2]」。抽象的で恣意的で硬直化した「輝く都市」からほど遠い東京は、意味と形態の混同によってその豊穣な愉しさをひけらかす。だが、そのまばゆいブリコラージュの裏側で、日本の巨大都市は産業革命と資本主義のルールにしたがっている。

1 Choay (Françoise): "Le règne de l'urbain et de la mort de la ville", in *La ville art et architecture en Europe, 1870-1993*, Editions du Centre Georges Pompidou, Paris, 1994.

2 Corboz (André): *Le territoire comme palimpseste et autres essais*, les éditions de l'imprimeur, Besançon, 2001.
この、コルボスの指摘はアメリカの都市に関するものであるが、東京にもすんなりとあてはまる。

耐用年数

移ろいやすい首都、二〇世紀に二度も焼け野原にされ[3]、六〇年代の道路インフラ工事と後年の破壊的不動産投機の爪痕が深く刻まれた東京にとって「黄金時代」の意味するものは何であろうか？ 空襲で大々的に破壊されたドレスデン、コヴェントリー、ロッテルダム、あるいはもっと近年の急激な都市再編によってすっかり様変わりしたソウル、北京、上海が一種共通の容貌、性格を備えているのに対し、日本の首都の物的アイデンティティは他の都市よりも曖昧で、明確な形態を欠き、諦観論者の体を装っている。だがこれはあらゆる事物を諸行無常の色に染める仏教の伝統に負っていると同様に、地域の政治経済に利害関係を有する者たちの共同謀議に対してなす術のない住民の無力さに負っているのである。一戸建て住宅のほとんどがいまだに木造で、建物が築二〇年で熟年に達する都市では、かりそめのものでさえも至極具体的に、耐用年数が規格で定められているのだ。

3 東京は一九二三年の関東大震災とそれに伴う火災により一度目の破壊を経験し、一九四五年のアメリカ軍による空襲で再び焼かれた。

再建

しかし、今日の現実はもっと多様で曖昧だ。木造家屋は築二〇年に達すれば、迷わず取り壊して家を建て直した。ときには築数百年の寺も、近年の金属とコンクリート製の建物も、ご多分に漏れない。日本でも改修（いわゆる「リフォーム」）が普及し始めているが、それでも建て替えのテンポはヨーロッパよりずっと速い。この東京と日本の都市の可変性の高さには複数の因子が介在している。ひとつ目は歴史と地理に関わる文化的習慣であり（木材の耐久性が比較的低く、自然災害および火災の頻度が高い）、次いで安全に関する法規のたび重なる改訂も建て替えの後押しをしている。[4] 現代の消費社会と切っても切り離せない慣習もまたひと役買っている。政党の資金源である強大かつ過剰な建設業界は、日本の経済成長に大いに貢献し、つねに建て続けることを奨励している。

4 法規のたび重なる改訂は、主観的で文化的な慣例のせいだけではなく、日本列島の危険性に即して技術者が合理的に行った分析の結果でもある。構造物に関する義務は、つねにより厳正化の方向に進んでいる。破壊的な大規模地震を経るたびに、構造計算に適用される法定義務値が強化される。だが、いかなる形の地震にも耐えられそうな、この建築の「神話的」目標は、法規改訂そのものによって矛盾を暴かれるのだ。また、この厳正さから確認できるのは、法規の強化とは対照的に、建築家やエンジニアが安全保証の法的義務を怠っているという点である。これは不条理にも、「無理な決まりにはしたがえない」ことを証明している。

22 過去
Passé

痕跡

島国の観光客が、昔の建物や街並が保存、または再建された場所に大挙して押し寄せる。浅草、川越、あるいは東京近郊の古都、鎌倉の寺社や商店街。これらは実際に古さを保っているものもあれば、一種の幻想をつくり出しているものもある。[1] 東京都は中央駅の改修を終えた。アムステルダム駅の「遠縁の従姉妹」東京駅は、建築家辰野金吾が一九一三年に手がけた折衷様式の建物であるが、米軍の空襲により屋根は焼け落ち、内部もほとんど焼失していたのだ。そしてもうひとつの壮大なプロジェクトがある。日本の主要道路の起点を示す道路元標が埋め込まれた日本橋に覆い被さっている高速道路のジャンクションを地下に埋めて、日本橋に空を返そうという取り組みだ。これらふたつの工作物が明治時代の西洋化のシンボルであったことを思い返せば、各種遺産保全の試みがいかに曖昧であるかが分かる。[2]

過ぎ去った時代の堆積物がこっそりと姿を現した途端に、人びとは建築史家・藤森照信のように、その都市土着のものを探る名探偵シャーロック・ホームズと化す。これらの知られざる、あるいは忘れられていた痕跡は、過去を物語るとともに、もはやそこには存在しないモニュメント自体をも物語る。街灯、地区の紋章入りマンホールの蓋、江戸時代初期の水道網の埋没式木樋につながっていた井筒、町人町の入口にあった木戸口、境界標、階段、その他徳川幕府おなじみの古い朽ち木たち……。

近年、民および官の発意による再生案件が増えている。各種のミニ都市開発プロジェクト、アーティスト、美学生、建築学生、興味を持つ近隣住民らのクリエイティブな才能を結集させた仮設インスタレーション、建物の密集する千代田区内の空き家になった古いオフィスビルをヤッピー向けアパートに再生するプロジェクト（これはニューヨークやロンドンでも行われている）、中央区の伝統工芸と工業化以前の環境の復権をめざすアーティスト、デザイナー、建築家の集団、神田すずらん通りのようにアスファルト舗装をより感じのいい敷石に貼り替える商店街店主らの取り組み……と枚挙に暇がない。

場

ローマ教会さながらに各地に増殖した○○台、○○坂、○○山、富士見○○という地名は、江戸の原初の地形を浮き彫りにする、あるいは物語る。その不定形構造を民俗学者陣内秀信は名所双六になぞらえた。日本橋の問屋街をはじめとする多くの地区の土地台帳のなかにも、江戸時代からの紐状に細長い区画がそのまま残っている。現代の建物はいまだに昔の尺貫法の「間《けん》（一・八メートル）」の制約を受けている。それは区画の間口と奥行きが「間」の倍数を基本としているからだ。したがって区画の間口は三・六メートル、四・五メートルといった不可解なピッチでなく、もっと単純に二間、二間

1 これらの建築物の多くは再建されたものである。だから木と土壁でできているはずの、最も美しい日本の中世の城が、じつはまるごとコンクリートで再建されたシロモノだったりする。原初の建物は火事で焼失したか、明治時代初期に解体された。後者は、当時まだあまりに記憶に新しかった社会秩序の廃墟を消去しようという政治的意志の犠牲となったのである。

2 これらの例は、現代の西洋人のビジョンの偏りも証明している。一定の歴史的足跡を消し去り、純粋な地元産に仕立て上げるのを好むのである。たとえば他所から持ってきた古色蒼然とした赤煉瓦でつくった家にその土地の砂で上塗りし、その土地の暗い色調の木材を配し、その土地の藁で屋根を葺くといった具合に（もちろん日本人の物の見方にも偏りはある）。明治、大正時代の習合主義の復権は一九八〇年代末の藤森照信の考察を待たねばならない。かくして歴史的考察の向こうに、東京はその多様な歴史的地層を露呈させたのである。

半といった具合に増減し、奥行きはその一〇倍になる。[3]

慣例

卯月には桜吹雪が舞い、霜月には楓が赤々と燃え、末広がりの銀杏の葉が黄金色に染まる。この永遠に繰り返される自然の偉大なセレモニーの魅力はいつも変わらないので、[4]下町では地区の祭りがいまだに営まれ続け、神輿行列がお定まりの行程を練り歩く。その目に見えない永遠性が、イタリア、シエナのパリオ祭における騎士のコスチュームと同様に、それぞれの地区を際立たせ、他の地区と分け隔てている。

古い様式と典礼を重んじる神社仏閣の木造、あるいはコンクリート製の社や堂塔は、公園に恵まれない大都会のただなかにあって、鳥居あるいは山門の高い敷居と掃き清められた境内によって俗界からその身を守っている。ここもまた一種の舞台芸術を遠い昔から営々と繰り返してきた。風吹き渡る広大な庇の下で、きらびやかな衣装を纏った聖職者らが日本語あるいはサンスクリット語で読み上げる一本調子の経に合わせ、太鼓が響き渡り、金色の鉦あるいは鉢がシンバルのように打ち鳴らされる。

包丁・鋏研ぎ、めっき・銀引き屋、その他行商人や旅芸人、熊使いらは一九七〇年代の初め、パリの街角から姿を消した。だがここ東京では今でも、しがない流しの物売りたちが路地という路地をくまなく巡回している。竿竹売り、石焼き芋屋、お粗末なベートーベンの第九に乗せて声をかぎりに口上を叫ぶ灯油売り、八百屋、托鉢僧、占い、あるいは屋台——この東南アジアでおなじみの小さな木製の飯台で人びとはしばしば丑三つどきまで、熱々のかけうどんやそばを、キンキンに冷えた黄

3 区画のサイズと「間」の意味については本書26「起源」、66「意味合い」を参照。

4 天候や折々の自然にふれる行為の最たる例は、手紙やスピーチの導入部に見られる。また、数多くのアマチュア写真コンテストの題目も忘れてはならない。

金色のビールなど、ささやかな美味に舌鼓を打つのである。

現在

時間の流動性が全空間を様式化しているとしたら、どの時代が好ましいだろうか？　絶えざる変化、一定の周期で繰り返す自然の祝祭、物的世界の折衷主義、これらは皆、同じひとつの都市の顔である。東京では過去はすこしも一義的ではない。ヨーロッパとは反対に、個人の欲求や市民の闘争は、過ぎ去った、よりよき時代へのおぼろげな想いによって汚されていない。それは日本人が諦観論者で実用主義者であることも手伝っているのだろうか。一五〇年ほど前から物理的変化が激化し、極端な近代化と工業化が新しい風景を確立する一方で、美の基準が真正面から議論されることはほとんどない。[5] ならばいっそ現在を黄金時代として、これを絶えず改修し続けながら、壊れやすい日常の幸福を達成していくべきであろう。その代償として粘り強い努力が必要であっても致し方ない。[6]

5　本書36「ファブリック」を参照。

6　ただし、東京の状況を例外視するのは差し控えておこう。不動産開発用地の所有者を立ち退かせるための地上げ行為、あるいは逆に一戸建て住宅街に持ち上がった民間のマンション建設計画に待ったをかける近隣オーナーらの反対運動。こうした問題はたびたび紛争の火種となっている。たとえば、近年の不動産開発事業の代表格である森ビルの複合施設、六本木ヒルズは実現までに一七年もの歳月を要し、そのほとんどが用地買収に費やされた。これはたいへん長い期間に思われるかもしれないが、ヨーロッパの都市中心部で同様の再開発を行おうとすれば、日本よりずっと所有が細分化されているので、はたしてこれほど「迅速に」事が進むかどうかは疑わしい。

23 浦島太郎 *Urashima Taro*

郷愁

東京のカフェは指数関数的に変化し、そこでの一服は一種の習わしとなっている。滞空型、地下潜行型、ビルの一番奥に陣取る籠城型、ずばり正攻法の歩道脇待機型、ビールや煙草も楽しめるリリパット王国調の豆カフェ軍団、なごみ系、奇抜系、暗め系、明るめ系、おとなしめ系、にぎやか系のデザイナー天国、無為のとき、勤勉なときの受け皿、親密な出逢いの場……その他、筆者の想像も及ばぬカフェの活用形が、いつもの安らぎのひとときにありつけるという期待、郷愁の予感までも満たしてくれる。[1]

やはり追憶に駆られて、うららかな春の日曜の昼下がりに数多ある民家園[2]のいずれかをぶらつくか、大川端、両国に細部まで忠実に再現された昔の江戸の屋並を訪ねれば、短命の構築物であっても都市調和の反復の妨げにはならなかった時代を発見するだろう。[3] この木造の黄金時代（今日ではその模型）を展示する江戸東京博物館の建物は巨大な貨物コンテナさながらで、

1 歴史の厚みは品質のよさを意味する（だから多くのブランドがロゴに"established since…"と書き加えたがる）ということで、元祖をいくつか紹介しよう。銀座には大正時代に初めてトンカツを出したレストランがある。自由が丘の町自慢のひとつは、ここの某洋菓子店が戦前に考案した和製「モンブラン」である。余談だが、仮想界のセレブ中のセレブ、磯野家のサザエさんもここに挙げておこう。このプチブル主婦は一九六九年、自分の名を冠したテレビアニメシリーズに家族、隣人らとともに登場した。サザエさんはその長寿ぶりでタンタン、シャーロック・ホームズと肩を並べ、いまだに毎週放映される人気者で、磯野家のインテリア（場所／舞台セットは登場人物に負けず劣らず重要だ）のなかには、きわめて儒教的な社会秩序と美徳が脈々と生き続けている。

2 民家園とは古い住宅を展示した公園である。古民家はもともとあった場所で解体された後、移送され、再び組み立てられる。

3 これは見解の分かれるところである。なぜなら、まさにこの陰気で、褐色に塗りつぶされた木造家屋が延々と続く広大な都市をピエール・ロティは単調で魅力に欠けると評したからだ。

その重々しく、これみよがしで、健忘症的な現代性をひけらかしながらも、逆説的だが、そうした状態に陥るのを幸運にも免れている。現代の江戸っ子たちは、おそらくこの建物に度肝を抜かれながらも、そいつに「下駄」というあだ名を贈る茶目っ気を持ち合わせていたのだ。

甘い罠

貴族の館の守護神ラレスがスコットランドの岸辺に漂着してファントムになったのに対し、死者の霊は黄泉の国から戻ってきて、日本のおとぎ話や能、歌舞伎でおなじみの登場人物となった。過去に起こった往々にして暴力的な悲劇によって、時と場所に呪縛されたこれらの幽鬼は、生者を誘惑するために、あるいは復讐するために、身をやつして現世《うつしよ》に戻ってくる。古《いにしえ》の美女と消えた魔法の館が忽然と蘇る超現実の夢、時間の誘惑と消失……これらは日本の小学生ならば誰しもが学ぶ、かの有名な浦島太郎の物語の白眉である。この五世紀の若い漁夫は海で遭難し、竜王の娘にして妖艶な美を湛えた乙姫と出逢い、常夏の島にある竜宮城に連れて行かれる。そこで幸福な三年間を過ごすが、望郷と父母への念は断ち難く、浦島の胸を締めつける。妻、乙姫は泣く泣く彼の帰郷を許し、島に戻るときに必要となる漆塗りの玉手箱を「けして開けてはいけません」と言い聞かせながら浦島の手に委ねる。生まれ故郷の村にたどり着いた浦島は、ようやく現実の時の流れを悟る。家族や友は皆、四〇〇年前にみまかり、荒れ果てた墓地に古びた墓石が残るのみである。そのなかには自分の名を刻んだ墓石もあるではないか……。砂浜にへたり込み、わびしさといぶかしさに駆られた浦島は乙姫との約束を忘れ、この日本版パンドラの箱を開けてしまう。たちまち魔法は解け、浦島は塵と化し崩れ落ちる。己の命と愛が跡形もなく消え去る、その最後の瞬間に彼の胸をよぎったのは、朦朧とした悲しみだった……[*]。

めくるめく過去の幻影は、所詮つかの間の幸福、甘い罠にすぎないのか。郷愁にはそんな不吉な側面もあるのか？　東京では、京の禅庭でじっと瞑想に耽ったり、かの有名な海の宮殿の寓話に思いを馳せたりする間もなく矢のように時が流れ去って行く。人は物語のなか、あるいは郊外の自宅の坪庭や都会のカフェの居心地のよい、猫の額のような隙間にしばしの暇を見出す。たとえそんな瞬間が、そう、浦島の幻想が、除菌済みの、おびただしい数の新手のチェーン店（スターバックス、エクセルシオール、セガフレド……）の狙い澄ました攻略によって消去されがちな今日このごろであろうと。[4]

＊　訳者注……浦島太郎の筋は原文に準じたもの。日本の物語を外国語に翻訳し、出版された端緒としては長谷川武次郎が一八八五（明治一八）年から刊行した「日本昔噺」シリーズが挙げられる。「桃太郎」や「舌切雀」、「花咲爺」といった話が英語、フランス語、ドイツ語、スペイン語などに翻訳され、当時、西洋人向けの土産物品として輸出された。このシリーズは挿絵を日本人絵師が起こし、宣教師やお雇い外国人が翻訳する体裁をとっており、ちりめん状の加工を施した和紙を使用していることから今では「ちりめん本」と称されることが多い。翻訳の過程では訳者による創作が加えられる場合もあったとされており、これが現在、外国で流通する日本の昔話の底本となったとも考えられている。なお、「浦島太郎」のフランス語版にも、おなじみの「亀を助ける」場面は登場するが、龍宮城の所在が「常夏の島」となっているなど、部分的な改変が散見される。

4　アンリ・シリアニ、マンフレッド・タフーリにどんなに悪く思われようと、東京のカフェはまさに小さなオアシスである。本書39「天空」を参照。

24 カオス Chaos

語源

「今日の東京はカオスを内包している」とよく言われるが、われわれはこの言葉について思い違いをしていないだろうか。そこでカオスの語源を繙いてみよう。そもそもカオスとは組織者たる神が出現する以前の混沌とした世界の状態を示す。神を発明したのは人間であるから、ここで言う神とは人間を暗に示している。ならば都市とは、かつてのカオスから逃れるために、時空を整頓しようとする意志から生じた人間の壮大な「発明品」とみなすべきである。[1]

日本の歴史や地理とはまったく無縁のこの言葉の由来を真に受ければ、カオスは、むしろ大海原や、いまだに木々の鬱蒼とした山岳にぴたりとあてはまるだろう。だが、そこはまさに自然に活力を与える八百万《やおよろず》の神々の特権的領域である。この、まだ人間のいない場所は、文化あるいは農耕によって加工された「里」や「町」とは対立している。[2]

1 アリストテレスにとって、物質すなわち自然とはカオス的なものであり、それを整頓するのが人間の思考と意志である。

2 オギュスタン・ベルク著、篠田勝英訳『風土の日本』（ちくま学芸文庫、一九九二年［初版は一九八八年、原書は1986］）地理学者ベルクの定義によれば、「エレム（人間が跡を印した領域）」は「エクメヌ（人間がひとりもいない地）」の対義語である。この両者を分け隔てる力の強さ、もっと言えば日本の山岳の斥力、つまり人を寄せつけない力をよく理解するためには、一八世紀以前のヨーロッパ・アルプスがまるで怪物のような残忍性を感じさせていたことを思い出さねばならない。本書15「道理」を参照。

秩序・無秩序

こうした矛盾にもかかわらず、カオスは依然として都市の危機や無秩序と同義語のようにみなされ、意味論的にはまさに混沌としている。計画的で秩序立ったデカルト主義的都市（ギリシャ、中国から踏襲した格子状、あるいはイタリアバロックの星状の道路網）とは正反対に、視覚調和に関する示し合わせもなしに、次から次へとつけ足しが行われた結果でき上がった不定形都市の象徴がカオスというわけだ。この形からの類推はそこそこに的を射ている。モノが絡まり合った現代都市の形態を想起させるから。ところが、都市をひとつの社会文化現象として捉え、その性格を描写しようとすると、「カオス」という言葉はさほどふさわしくはない。ヨーロッパの中世都市、イスラム都市、江戸時代から今日にいたるまでの日本の都市計画、第三世界の首都のように同心円状プラン、あるいは不規則なプランにもとづいて建てられた都市は、秩序もなければ明白な統制原則もない有機的成長の発露である。だが、これらはいずれも都心（ひとつあるいは複数）、地区、土地区画、境界といった単純かつ反復的なトポロジーのルールにしたがっている。また、さまざまなスケールの民間不動産開発戦略、テクノクラートによるインフラ開発戦略も誕生し、そこに育っている。さらに、住宅街の開発は西に向かって伸びやすいという、人間の造った大都市に共通したしつこい極性も見出せる。

直角で、整然とし、合理的な格子は、よく中立的と描写されるが、その中立性ゆえにカオスの真のアンチテーゼではない。ギリシャ、ローマ、スペイン、フランス、アングロサクソンの植民都市とその母都市には皆、それぞれに違った歴史的背景がある。にもかかわらず、いずれも格子を基本にしているからといって、それらを十把一絡げにして、いずれもプランナーの意図した理想を反映しているとみなすのはもっと乱暴だろう。時代と場所の隔たり、政治制度の多様性がこの同一視を妨げる。他にも格子状プランが特徴的な例を挙げれば、古代ギリシャ植民地の合理的な貿易拠点、ローマ人の宇宙観を反映したメインストリート、カルドとデクマヌスの基軸、スペイン征服下の南米において精神的権威（教会）と世俗的権力の極の周囲に形成された都市、ジェファーソンの農地改革とマンハッタンの投機的区画割りの原則、そして唐王朝の風水にもとづく左右対称、中央集約型の首都、長安（現在の西安）のモデルを輸入し、後にこれを日本向けに翻案した平安京（現在の京都）[3]等がある。秩序、無秩序を抽出する定式などない。これらの概念は社会および偶発事に応じて形成されるのだ。

3 中国の伝統的思想では、大地は平たい正方形であった。円は時間とその経過を、正方形は空間を象徴するため、そこから生じる都市プランは当然、格子状になった。

ゾーン

語源のことは忘れよう。カオスはとどのつまり、都市のパラダイムとなりうるだろうか？　答えはアポリア（行き詰まり）すれすれだ。そもそも不定形な東京は、よく言われるようなカオスの表象どころか、たび重なる大惨事に見舞われても頑として変わらぬ歴史構造を呈している。

千年の昔から旧権力者天皇の居所であった京都に対抗し、徳川幕府の本拠地として一七世紀に創建された新都市、江戸[4]は、その形態のなかに厳しい社会階級制度を固定した城下町[5]であった。軍事・政治の新指導者、徳川将軍はその居住地、江戸を国の行政の中心、武家支配による「廷」[6]すなわち幕府の都市とした。その武家らはヴェルサイユと同様、徐々に宮廷貴族化していった。江戸はまた大規模な商業都市でもあり、すべての都市機能が三つのはっきり違った実体によって住み分けられているように見えた。中央に将軍の住む城がそびえ、城西と城北には武家貴族階級の住む風通しのよい山の手が広がり、江戸湾沿いの城東と城南は下町と呼ばれ、職人、商人といった町人階級の住まいがひしめきあっていた。

その後江戸城は破壊され、今日その名残をとどめるのは城壁と堀のみである。これらに取り囲まれた東京の「空虚な中心」に住むのが、一八六八年に京都を発ち、劇場政治よろしく仰々しく東幸した天皇である。山の手と下町との境界はここ二〇年で曖昧化する傾向にある。だが、山の手は過密化こそすれ、いまだに住宅街のままであり、下町はビジネスと小規模事業者の町のままである。見た目には無秩序かもしれないが、社会的には紛れもなく秩序立っているのだ。

4 一八六八年、天皇睦仁の東幸にともない、江戸城は東京城に改名された。天皇はその翌年、古来より朝廷の置かれていた京の都を離れ、再び東都に「行幸」し、事実上そこに居所を移した(奠都)。こうして天皇は何世紀も前に放棄した世俗の権力の場を象徴的に取り戻したのである。たとえそれが実際には徳川幕府より受け継いだ寡頭政治の二番煎じにすぎないとしても。

5 この語は文字どおり、「城の下の町」を意味し、中世ヨーロッパの要塞都市の周囲に建設された「フォーブール」の親戚である。

6 参勤交代とは大名らに妻子を江戸に残したまま、領地と江戸に交互に居住させる制度である。こうして徳川幕府は、大名の身柄を拘束するとともに、二重の住まいと江戸への出仕で膨大な出費を強いることにより、その勢力を削ぎ、統制することができたのである。

25 歴史鏡

Miroir histoire

鏡

東京における「カオス」という言葉は、日本・西洋間の特殊な文化的しがらみによって、すでに指摘した曖昧ささえ通り越して、さまざまな意味をずしりと背負わされている。今日、日本と西洋が互いの想像界のなかで引かれ合い、反発し合う力もこの都市に波及し、日本の首都に特別な意味合いを与える光で照らし出す。ヨーロッパ、アメリカ、日本は、鏡遊びをしながらお互いが経済の盛衰周期のどの段階にいるか（それが事実であれ、憶測であれ）を測り合っている。メディアが煽り立てるこの愛憎の往来の性質に応じて、己に注がれる視線、東京に投げかけられる眼差しの色合いが決定する。[1]

1 これは日本人あるいは外国人が日本人のことを論じたいわゆる「日本人論」、あるいは「東京論」の類の本で、いずれも日本の特異性を自慢している。

規則

日本が一九七〇年代末に世界第二位の経済大国にのし上がると、ヨーロッパ人の視線はこの国とその首都に吸い寄せられた。一九八〇年代半ば、日本がバブル経済に沸き立っていたころ、人は東京のなかに一連の予言的な都市寓意を見出したと信じた。それは未来の制御不能な破滅の予感、そこそこに成功した都市ブリコラージュの実践例、ひとつのミュージアム都市としてのあり方[2]という三つのイメージの間を行ったり来たりしていた。また、街並を守り永続させるための歴史主義的な環境規制の縛りから解放された社会を東京に見た者さえいた。

だが、このように無規制の環境の存在を信じるのはかなり無邪気であり、相対化が必要だ。ここでは美観上の規制（パリ、ロンドン、ローマ等の都市の一部を凍結して変えられないようにする厳しい規制）と美的根拠は全くない法的制約（建ぺい率、高さ制限、壁面後退、耐震性、消防上の規制等）とが混同されている。東京

2 この「ミュージアム都市」という用語は、ジェントリフィケーションによって変えらてしまった歴史ある都心部を回復すべく、調和に配慮しながら美化するという意味にもっぱら解釈されるべきで、都心部をさまざまな時代の様式を集めた生きた陳列場とする啓蒙的新古典主義の意味ではない。また、周囲の商業主義に煽り立てられ、内向きから外向きに変わった建物群という単純なビジョンのことを言っているのでもない。

3 本書51「細分化」を参照。

では前者がない代わりに、後者があり、これの適用が都市景観を一定の型にはめている。これは金で法が買え、建物が規則を免れることができる一部の新興国とはまったくわけが違う。[3]

歴史

ひるがえって日本人は、建築家であれ、都市学者であれ、単なる観光客であれ、ヨーロッパの古典やバロックの街並とそれを保存するための現代の規制手順に皆一様に感心するが、その細部までは知らない。この街並保存の対象となるのはとくに歴史の古い都市中心部のみであるが、これを日本人は拡大解釈して都市圏そのものと同一視しがちだ。それは日本の不定形都市がその中心部を外へ外へと際限なく押し広げているからだ。同様の文化的先入観がヨーロッパ人の物の見方にも染みついており、彼らは東京のことを自由な形態の都市だと思い込んでいる。だが日本人は自分たちの都市の明らかな無秩序を観念化してダイナミズム、あるいはエネルギーと捉えるか、逆に日本社会の抱える都市的危機の最前線と捉える。一九八五〜九〇年の熱狂的な不動産投機はその具現の最たるものである。「大いなるカオス、矛盾、分裂病はすばらしい仕事の条件だと思う」[5]というアンドレア・ブランジの寸言は、カオスに美を見出した建築家、篠原一男の楽観的ビジョン[6]と共鳴し合っている。

4 本書44「都心」を参照。

5 Branzi (Andréa): *La ville six interviews d'architectes*, Le moniteur, 1994.

6 審美的見地を通して、社会に対する批判がされるに違いないと建築家篠原が信じたという意味で。

太平洋

ヨーロッパ人、アメリカ人、アジア人は、今やアジア太平洋地域の経済が大発展を遂げ、あの鏡遊びのなかに北京、上海、広東、ソウル、台北、香港、シンガポール等の都市も加わり始めていることに気づいている。なかでも香港とシンガポールは一部の建築家たちのあいだでは「輝く都市」が発する法則を応用、具現化するための実験都市とみなされてはいないだろうか？[7] 今、多くの建築家を引きつける上海は、西洋、日本の植民地時代を経て、共産主義の氷河期をくぐり抜け、二一世紀初頭の中国経済の驀進《ばくしん》期についにフェニックスと化してやすやすと飛び立ち、東京を蹴落としてこの未来のパラダイムという新しい役回りに就こうとしているのではないか？

7 Goldblum (Charles): “Singapour: un “Japon de l'urbanisme”? Maîtrise de la ville et centralité urbaine” in *la Maîtrise de la ville. Urbanité française, urbanité nippone*, EHESS Paris, 1994.

26 起源 Fondation

叙事詩

一五九〇年、当時の天下人、豊臣秀吉の重臣のひとり、徳川家康は、主君より封じられたばかりの辺境の領地に自分の城を築こうと決意し、手勢を率いて武蔵国の河岸平野にやって来る。[1] 後に徳川幕府の始祖となる家康がそこに見出したのは、広々とした湾とそこに注ぐいく筋かの川、起伏する緑の野と数軒の百姓家、一五世紀の城の遺構とそれにまつわるいくつかの人間臭い故事であった。家臣や諸大名の助けを得て、ものの数ヵ月のうちに江戸普請の壮大な叙事詩が幕を開ける。[2] 真っ先に着工したのが水利・水防である。それは現地では希少な飲用水を引き込むためのインフラストラクチャー、防衛のための濠、河川の増水や台風による高潮の調整弁である運河の建設、湾岸地域の埋め立てや護岸といった大規模工事であった。

1 秀吉の死後、一六〇〇年の関ヶ原の戦いで豊臣派を下し勝利を収めた家康に天下人の座がめぐってくる。一六〇三年、天皇より征夷大将軍任官の宣下を受けると徳川幕府を開き、これが太陽暦で一八六八年一月、天皇睦仁による王政復古の大号令とともに近代の幕が明けるまで日本を支配することとなる。

2 本格的な工事が始まったのは、一六〇三年に家康が「新首都」建設のため御手伝普請の名のもと、全大名に普請を義務づけて以来である。

構造

潜在的に古代ギリシャ・ローマやヨーロッパ古典時代、あるいは新世界の新都市の親戚と言える、きわめて明確、かつ全体を配慮した構想がたちまちでき上がる。その配置は帝の都、京の模範的な碁盤の升目状に展開された中国の都市思想を参考に描いた現地の開発構想に、地形学と風水の法則（北に丘陵、東に流水、南に湖沼、西に大道といった具合に方位と自然の地形とを対応させる四神相応の法則）にあてはめ、実用性と天佑を得ることを旨とした。二百有余年におよぶ太平の世の初めに創建されたとはいえ、江戸もやはり一世紀にわたる戦乱の世の産物であり、その城塞はかつてないほどに巨大で威圧的であった。[3] 軍事の中核をなす要塞の周囲に形

3 北の丘陵が山の手であり、その役割はローマの七つの丘の心なごませる優しさを想起させる（富士山はあまりに西方にあるため、これには該当しない）。東の流水は後に神田川と呼ばれる平川、南の湖沼が後に埋め立てられる日比谷入江、西の大道が京の都へと続く東海道である。

成された都市は、片や城下町、片や有機的な山手というふたつの違った性格の街を対立面に並置し、そこに身分隔離を固定していた。

城下町

まず秩序立った側面から検証しよう。江戸は城下町である。城は権力の場、権力の象徴であり、隅田川に合流する二重の濠と運河に取り囲まれたその地相は、淀川河口にライバル秀吉が築かせた威丈高な大坂城のそれとよく似ていた。[4] 城と並んで置かれた要塞化していないこの都市の大部分が二本の濠の内側に収まっていた。そこにはふたつのゾーンが識別できた。ひとつは大名と武士の住む武家地、もうひとつは職人と商人の住む町人地である。武家地そのものも、官位を持つ武家とそれ以下の武士との間で空間の住み分けがなされていた。トポロジー内に組み込まれた、ひとつの独自な政治軍事的構造が姿を現す。われこそが先の戦乱の世の覇者たることを喧伝したい家康は、東西両軍の武将を自分の町、江戸城内に呼び寄せる。徳川家門の親藩、一六〇〇年の関ヶ原の戦い以前から家康の家臣だった譜代、この天下分け目の戦いで西軍につき敗者となり、その後恭順の意を示した外様。大名をこのようなくくりで三地区に分けて配置するという巧妙な構造である。これらの身分の高い武家は内濠の内側に住んだ。家康直属の家臣、旗本は他の大名の家臣らと同様に外濠の内側に住んだ。[5]

下町を構成するのは町人地である。初め、家康は当時の日本の政治経済の中心、京都、大坂地方から遠く離れた領地に町人階級を呼び寄せるのに難渋した。運河と河川が縦横に走り、産業が栄

4 家康は己の天下普請にあたり、秀吉の普請した大坂の地相を真似て、同じ都市要素をくるりと回転させて現地の地理に合わせたように思われる。

5 これに関しては、当時の地図を見ると、ふたつの城郭の全周をはっきり確認でき、これらを戦略的かつ社会的理由から並列させていたことが分かる。建築家内藤廣は濠がふたつの分離した同心円ではなく、広大な螺旋であるとたびたび唱えたが、これは真に説得力があるとは思えない。

える密集地、下町は江戸湾沿いに成立し、後に干拓地上に広がっていくこととなる。京都のそれと似た厳格な碁盤の升目が断片的ながらも、この海辺の沖積地を四角く切り分けたのみならず、武家地の一部も仕切っていたのであった。これらのグリッドを構成する基本要素が正方形の街区、「町《ちょう》」である。

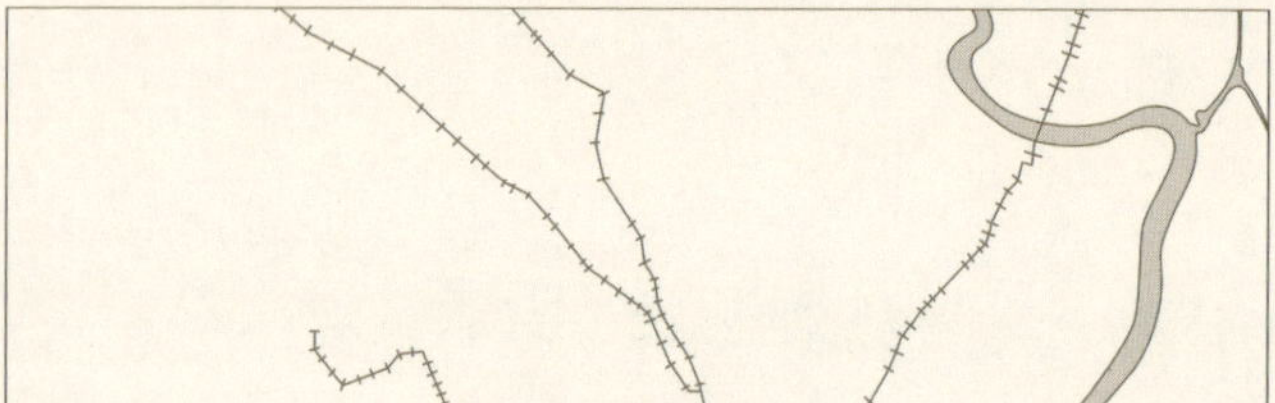

Edo-Les deux villes / The Two Cities

ふたつの「町」

これらの地区の格子状プランは幹線道路とそれに次ぐ街路、そして一辺が六〇間（一間が一・八メートルなので約一〇九メートル）の正方形の街区、「町」の織りなすネットワークで構成される。この「町」そのものがふたつの違った方法で細分化される。町人地の町割りは奥行き二〇間で、間口は変化する。これらの町割りが「町」の全周にぐるりと配置されるため、中心に空き地ができる。この機能主義的な構造は「会所地」と呼ばれ、畑、共用施設、便所、小屋、井戸等に使われる。一方、武家地の「町」は中央で分割されるので、中心線の両側に奥行き三〇間の土地ができる。これらはさらに占有者の財力に応じて間口一〇間あるいはそれ以上の区画に細分化される。この武家地の「町」には会所地がない。なぜなら土地区画は広大で、壁で囲まれ周囲から隔絶され、何も分かち合わないからだ。

トポス

次に有機的側面に目を転じよう。丘の上に発展した山の手である。濠の西方と北方に位置する当時の郊外、山の手は多くの寺と諸大名の広大な下屋敷の受け皿となる。これらが丘陵地を放射状に延びていく道路に沿って、思い思いに散らばっていた。一方、谷戸内は管理の目が届かず、集落が道路沿いに線状に発達するため、ここもまた碁盤の升目の秩序から逸脱していた。地震や洪水の被害が及ばない堅固な高台の地形を利用したこれらの広大な地所の主である武家や聖職者は、ルネッサンス末期のローマを彷彿とさせる不定形な庭園都市《ガーデンシティ》の元祖とでも呼べる地に暮らしていたのである。

共存

お上の肝煎りで普請された四〇〇歳のニュータウン、江戸は、徳川の都市構想と身分隔離主義を具現化したものであり、それを統制していたのが、いくつもの断片に分かれた都市計画であった。その基本となったのは、城の周囲においてはグリッドと「町」というふたつのオーダー（秩序、単位）の共存であり、郊外の地所は地相にしたがった。現在、山手線が廻っているのが当初の都市の縁にあたる。

このエリアの外側は、現代の都市拡大によって目印がぼやけてしまったが、まず放射状の幹線道路沿いから線状に発展していった。これはかつての山の手における原則を想起させる。やがて虫食い状、あるいはヒョウ柄状の街並がこれらの放射状の道路と道路の隙間をぽつぽつと埋めていき、次第にかつての谷戸のような自由さで密度を増していった。

27 明暦
Meireki

モニュメントはいらない

初代より三代までの徳川将軍が目論んだのは権力の誇示であった。都市はたちまち壮大さで語られるようになり、畏怖の念を呼ぶモニュメント性を極めたシンボル、江戸城の天守閣が一六三八年、家康の孫、家光の代に完成する。高さ九〇メートルにも達しようという、おそらく当時史上最大の木造建築であった巨大な造作物が、水平の都市にそびえ立っていた。あいにく一六五七年の明暦の大火が天守閣を含む江戸の主要な部分を破壊する。その後都市は復興したが、天守閣が再建されることはなかった。膨大な建造費が見込まれたのに加え、半世紀も前から続く「パックス徳川」、すなわち天下太平の世においては、もはやその存在意義が失われていたのだ。表象の意志が偶発性と実利主義の前に屈した。こうして江戸と東京は長いこと垂直性とモニュメント性を放棄することとなる。[1]

構造にもケチがつき……

徳川新都を変貌させた都市現象は、モニュメントの消失だけではなかった。当初は秩序立っていたこの都市も、一七、八世紀の過密化により、その「町」の構造が激変したのである。[2] 町人地においては土地需給の逼迫により、もともとは空き地だった「町」の真ん中の会所地が建物で埋まり、この日本の都市に特徴的な「奥」という配置が生まれた。[3] またしても偶発性が初めのルールの厳しさに異を唱え、そして、何と言っても都市の変わり身の早さと管理の不在を今一度証明してみせたのである。

1 一八九〇（明治二三）年に落成した店舗と展望台から成る複合施設で、一九二三（大正一二）年の関東大震災で倒壊した、かの薄命の浅草凌雲閣（別名「浅草十二階」）をのぞけば、一九六三年に計画が具体化する霞が関ビルまで、高層建築が建てられることは一度もなかった。エレベーターを備えたこの日本初の摩天楼は三三年間、北半球で最も高い建物として君臨し続けた。

2 一ヘクタールあたり五六〇人という人口密度は、平屋建ての家屋が主体の都市にしてはきわめて異例である。比較のために現代のパリを例にとれば、平均六階建てで、人口密度は最も高い地区で一ヘクタールあたり四〇〇人。現在ではこれでさえ、すでに稀に見る数値である。

3 本書49「奥」を参照。

居丈高の都市交通網を清水の舞台に見立てて、ジャンプ！

28 幾何学
Géométrie

理想の都市

唯一神、あるいは八百万の神々を巻き込み、都市生活の幸福度のものさしがあるものと決めつけるのは、ひとつの理想を志向することである。客観的な基準もなく、この都市は住んで愉しいが、あの都市は病んでいる、あるいはぞっとするなどと決めつけることがどうしてできようか？　幸福を定量化できる明確なものさしは存在しない。[1]

理想の都市という思想自体は、西洋世界では古代ギリシャ・ローマからその再来であるルネサンス、そしてル・コルビュジエにいたるまで、あるいは中国文明のなかに色濃く見られるが、日本ではその土地土地の実利主義的な発想によって退けられている。最もよく知られた規則的なモデルは、その後京の都となる八世紀の平安京で、中国の影響を受け継いだ最後の都である。[2]しかし早くも一〇世紀末から、この厳格で左右対称、天皇の御所のある中央に集約された都市モデルは解体し始める。単一階級化社会のシンボルである帝都の大いなる構想が徐々に消滅していったのには、おもにふたつの理由があった。ひとつ目は物理的な偶発性である。都の西方に位置する湿地が建設にもっと適した地区への人口大移動を促したため、碁盤の升目の西側が空白地帯と化した。そしてふたつ目はもっと根の深い、政治・制度に関わる事情である。朝廷政治は弱体化していた。一二世紀、政治権力は武士階級源氏の都、鎌倉に移り、一四世紀には再び帝都に戻るが、諸勢力間の抗争が絶えず、ついに一六世紀初め、室町の戦乱の世が単一的な都市モデル、平安京（当時、京の都と呼ばれるようになっていた）に完膚なきまでに打撃を与えた。天皇制のシンボルと実現は二〇〇年足らずの命であった。そして一七世紀、江戸に成立した朝廷とは縁もゆかりのない武士階級の政権は、この都市構想を断片的にしか採用しなかった。[3]

日本人が再び規則正しい都市を建設するのは、津軽海峡の向こう岸か「外地」にかぎられる。二〇世紀前半のつかのまに存在した日本の植民地帝国、満州の大連と長春、台湾の台北に出現したネオバロック様式の香りを放つ中心街がその例である。北海道の札幌、箱館（現函館）にも碁盤の升目が出現した。ここも、北方の地が先住民族アイヌの占有する「蝦夷地」であり、日本の北進に長年抵抗していたという点から、近代の植民地であると言える。

これらの例はいずれも、日本人が規則的、計画的な都市工学を無視しているわけではないことをはっきり証明している。階級化され、左右対称の空間配置と格子を古代（平安時代）からたしかに使用してはいる。[4] だが、こうした規則は当世の日本の地には適用されていない。建築家やエンジニアは、往々にして各自の出身地よりもニュータウンのなかに己の合理的な都市理念を自由に実現しやすい。前者の場合、地元の抵抗政治勢力が規制の縛りの厳しい企画に横槍を入れることがたびたびあるからだ。[5]

1 世界で最も物価の高い都市ランキング（二〇〇八年の王座はモスクワ、次いでロンドン）は、各種サービス経費と食料品価格を合わせた比較分析にもとづく。こうした統計のなかには、幸福度と直結する数値はいささかも認められない。最近マーサー・インスティチュートがより広範な基準（環境、文化、社会等）をもとに行った別の調査（世界生計費調査―都市ランキング）によれば、ヴェネツィアが一位で、東京と横浜はそれぞれ三五位と三八位だった。

2 平安京以前も似たようなモデルを参考にした都がいくつか建設された……藤原京、平城京、そして短命の長岡京。八世紀末、中国に開花した唐文化の波が平安時代の日本に到達する。政治権力は別として、これと似たような方法で、ルネッサンス期のイタリアはさまざまな建築モデルと理想都市のプランを生み出し、一五世紀より三〇〇年間にわたりヨーロッパ全土に影響を与えた。

3 Fiévé (Nicolas): *L'architecture de la ville et du Japon ancien*, Maisonneuve & Larose, Paris, 1996.

4 日本人は、一六世紀半ばにポルトガル人が到来する前の宗教画に見られる俯瞰透視図のような表象方法も使っている。

5 似たような現象が、地中海沿岸に形成された古代ギリシャ植民都市の貿易拠点、アフリカのフランス植民都市、イギリス領インド帝国、スペイン領およびポルトガル領ラテンアメリカの都市にも出現した。ちなみに明治時代になると間もなく、欧米の都市計画例に関する知識をある程度有する日本人技術者が現れた。

形象

アリストテレスの古典主義的思想、そして西洋の近代にとって、美しい造作物とはすべてを構成しているものである。偶発性にけして屈しない理想が古代ギリシャ、ローマの植民都市と、ルネサンスにならって古代を模倣した都市に適用された。この哲学の直系の相続人、ル・コルビュジエが言うように、「幾何学とは純粋な悦びではないか」。細部と全体とを結びつけ、身体とその部位のように一貫性ある総体をつくり出している調和的かつ論理的な関係を見破るこの悦楽は、そもそも形而上学的発想にもとづくものである。幾何学は日本の田舎から都会まで、水田の方眼状の区画割り（条坊制）から都市の碁盤の目状の街路、街区（条里制）まで、まぎれもなく存在している。たとえば土地区画や部屋を「間《けん》」で算出し、その総和が建築物の基本プランを形成し[6]、道路に面した都市の家、町家および長屋の間口は地租制度（地口銭）の基礎となっていた。その一方で、都市の区画割、「町《ちょう》」の適用は一様ではなく（下町のグリッドは断片化している）、これは全体が統一感を欠いていてはだめだという信仰を巧みにかわしていることも示している[7]。これらの厳密な幾何学の総和である江戸、そして東京は、愉しい不均質の都市なのである。

6 たとえば、もともとは茶室が体系化された四畳半の部屋と中世建築の屋敷内にあった九間の正方形の客間。これらの部屋は畳の面積あるいは柱間（ま／けん）に準拠している。これらの度量単位は建設モジュールのベースとなるだけでなく、建物の機能、美しさ、経済性のいずれの点からも理想的な比率を設定するのに役立っている。間（ま／けん）、畳の定義は本書65「間隔」と66「意味合い」を参照。

7 本書29「本質」を参照。

29

本質

Essence

共存

都市の不均質性の問題がまだ片づいていない。辺境の地に新都の基礎を築いた強力な中央権力は、京都の天皇制モデルを知っていたはずなのに、また、検地と税の徴収にあたる役人たちは効率よく仕事をするための幾何学に通じていたはずなのに、なぜお上の命だと言ってひとつの明確な秩序を押しつけなかったのか？ また、無限に広がっていけるマンハッタンの回帰性の原則がどうして現れないのか？ 江戸・東京はむしろ、居丈高に取り締まろうとする意志と、偶発的事態に妥協しつつ柔軟に対処する、悪くすれば放任主義へと陥りかねない順応主義とが共存し、両者が曖昧で根深い、しかも危うい均衡を保ってきた。

陣内秀信と内藤昌は、この折り合いを地理的理由と政治的理由から説明している。たとえば武蔵野はローマの山谷のように起伏に富んだ地形のせいで、ひとつの秩序で管理するには限界があった、領地と富士山との関係、侵入者の進攻を阻むために道路を分断したり、シケインを設けたりする軍事戦略的意志が働いた、あるいは、それぞれの単位を管理しやすくするため細分化した……。これらの説はどれも至極もっともだが、これだけで十分であるとは私には思えない。もし単一のグリッドを押しつけようという意志が本当に存在したのなら、サンフランシスコのように少々の起伏には目をつぶってもよかっただろう。また、城東の下町は複数種のグリッドで構成されており、城、あるいは山に向かって順々に回転しているが、地形に干渉されているわけではない。管理や戦略上の理由であれば、シケインを設けるよりも外濠を利用することだってできたはずだ。私の結論はこうだ。お上には都市の形態を一貫した方法で取り仕切る政治的意志もなければ、周囲の自然から分け隔てる意志もなかった。

ふたつの共存する構想のひとつ目は城と下町と山の手の一部の地区に存在する多様なグリッドによって象徴される。ふたつ目は山の手の大部分で見られる地形に応じた有機的発展に相当する。[1] この当初の振り分けに想定外の新たな現象が加わる。それは一七世紀以降、都市人口が手に負えないほど膨れ上がったことである。こうして二極性の都市構成は危うくなる。拡大はふた通りの方法で進んだ。ひとつ目は山の手の道路沿いや丘陵の麓に数珠状に並んだ隣村同士が無秩序に併合していった。ふたつ目は下町の街区「町《ちょう》」の中心部分の過密化である。

東京はふたつの都市が互いに競い合いながら、長年共存し続けてきた歴史を物語る。ひとつは中央権力、すなわち江戸時代の武家、明治以降の政治エリートの「望む」都市、もうひとつは中央権力が「許容」する自然な、民衆による拡大である。

1　現代における、この相反するものの共存の一例を挙げよう。公共の利益の名のもとに、財産の収用が法によって許されているものの、これが適用されることはめったにない。これはすなわち、都市周辺の道路インフラの実現にしばしば何十年もかけることを意味している。強権的な手段は存在するが、それは使い惜しみされる。一九二三年と一九四五年の大規模破壊の直後でさえも、この伝家の宝刀が抜かれることなく、国あるいは東京市、東京都の都市計画部門の推進する事業を強権的に実現することはなかった。

市民共同体の不在

幕府の体制は独裁的だったが、有無を言わせずすべてを差配しようとする強権性に欠けていた。都市は物理的に不均質なままであった。そもそも社会的、政治的分離を反映して建設されたのだから無理もない。かたや下町（無秩序なグリッドと拡大）、かたや武家貴族の町（有機的で、塀で仕切られ、隣家との間は十分に空いている）。幕府は押しつけがましく、細かいことにまでうるさく口を出すのに、直接取り仕切ったのは、最初の都市の基礎と下町、山手、城のゾーン分け、グリッドと城に関わる領域のみであった。幕府は政治意思表示の権利を奪われた民衆たちに、職人と商人の町の日常的な維持管理を委ね、そこが過密化していくのを為すがままにした。

この政治的二律背反から日本の都市の二大特性が生じる。それは部分の自立と公共スペースの萎縮である。都会のブルジョワジーが中世から市政に関わってきたヨーロッパでは、公共スペースは政治表現のための空間として出現し、その役割が確立していった。しかし日本に公共スペースが現れたのはもっと遅く、二〇世紀になってからである。かたや中央集権の支配者、かたや市民社会および地方自治という両者が権力を共有する場は、政治の民主化とともに徐々に出現したのである。

江戸と東京は長いこと都市ではあったが、市民というものを持たなかったという点から市民共同体《シテ》ではなかった。[2]

2 Sorensen (André): *The Making of Urban Japan, Cities and planning from Edo to the twenty-first century*, Nissan Institute/Routledge Japanese Studies Series, 2002.

コラージュ 30

Collage

面

「都市の形態は歴史の産物である。都市という名の下に膨大な歴史的経験が蓄積しており、それはひとつの厳格な都市計画構想が描き出す輪郭を凌駕している」[1]。この都市にひとつ、あるいはいくつかの意味を見出そうとしたら、場所や時代に応じて変わっていく現実をひとつの普遍化定理の名において早計に定義してしまってはいけないし、そこら中に普及した都市計画を採用して、この都市に死亡証書を突きつけるわけにもいかない。たとえば、パリと東京のように似ても似つかぬふたつの実体をいかに比較すべきだろうか？　一方はおもに一九世紀から受け継いだ形態にほぼ落ち着き、城郭の跡地にできた環状道路にぐるりと締めつけられており、これより外側は郊外である。他方は裾を広げたアメーバ状地理のひとつの面であり、その行政範囲は人口過密の河岸平野と無人の緑の山々、そしてはるか太平洋沖の諸島にまで及んでいる。この面を形成している経験にもとづく規則とは、どのようなものだろうか？　この総和を補足しているのはどんな数字だろうか？

1　Roncayolo (Marcel): *La ville et ses territoires*, Editions Gallimard, 1990.

断片

丘陵と河川と埋立地でできた地理・地形、いくばくかの歴史的遺構、横断道路網、山手線環内の空間にしつこく残る細分化されたままの土地、永々と続く地名システム、草創期からの三ゾーン（城、下町、山の手）等々、これらすべてを一緒にしたのが東京である。[2] さまざまな構造とインフラストラクチャー、断片、借用、実験を寄せ集めて、糊でくっつけた、一種の「膠着」なのだ。[3] 明治以降、西洋との接触により、東京は急速に発展し、多様な建築と都市計画の試みを手を変え品を変え次々と繰り出し、どこのものともつかぬ場所を実利主義的に取り揃えたアンサンブルとなった。たとえば表参道、外苑前、国会議事堂前にちらりと現れる透視図法の片鱗、赤坂離宮が垣間見せるヴェルサイユ宮殿の序章、新宿、汐留、品川の高層ビル街に見え隠れするマンハッタンの萌芽、郊外の田園調布や国立の同心円状プラン、はたまた成城学園のグリッド状プランが覗かせるガーデンシティの端緒……。江戸、そして東京は規制と規制緩和の戦いのなかでつくられてきた。

ただし、日本のいくつかのニュータウンが模倣したディズニーランド流の無菌化された操作とは一線を画する。その違いは、物的インフラストラクチャーと社会問題が否応なしに闖入《ちんにゅう》してくる点にある。[4] 都市にぶら下がり、その流れを一旦停止させる高速道路ジャンクション、地上を走り沿線地区の生活と交通に支障をきたす鉄道、電柱や東屋、街路と建物に生じるしつこいカビ、下水が注ぎ込む川、段ボールを再利用した邸宅に住まい、公園や堤防の快適さを損ねている住所不定の「建築家」たち、これらも皆、一大コラージュに参加しているのだ。各種建築物、官営都市計画の試み（一部が途中で頓挫する）、民営開発事業（戦略的には筋が通っているが、ちまちまと断片的）等々、すべての借り物を漫然と並べ、都心の過密と郊外の拡大のなかに取り込み、消化吸収し、中心部も裾野も同時進行で大きく大きくなり続ける……こんな東京はビッグバンを想起させる。時代の違う建物の層が積み重なっていく単純なコラージュは、ある程度の歴史を有する都市には必ず見られる現象であるが、東京は、その規模の大きさ、変わり身の早さ、そしてさまざまな舞台装飾を矢継ぎ早に外から取り込むことによって、単なるコラージュを越えてしまった。このビッグバンという宇宙論のメタファーは、エネルギーの凝縮、そして最初の爆発後、無限の拡大の双方をミックスした豊穣さを喚起する。

2 本書11「地理」を参照。

3 ある学問領域から別の学問領域への飛躍は、必ずなんらかの単純化を伴うものだが、ここであえて言語学的メタファーを使うのが有益だと思われる。日本語は単語にさまざまな形態素をくっつけていく「膠着」を基本にして形成される。言葉を形成する一字一字がニュアンスを加えたり、最終的な意味を変えたりする。

4 Yatsuka (Hajime): "Ecology of the New Suburbs of Tôkyô, Tama New Town" in *CASABELLA*, n608-609, janvier-février 1994. イタリアの建築・デザイン総合誌 *CASABELLA* に掲載された八束はじめ氏の論文（未邦訳）

31 見立て
Mitate

ヘテロ

東京はそのちぐはぐな血気盛んさ（当世の若者風に言えば「テンションの高さ」）で、つねにコラージュの概念の生きた見本のような外観を呈している。だが、この見た目だけの判断で幻想を抱き、自明論や見当違いに陥らぬよう、相対化が必要である。規則も道理もないのなら、コラージュというものはすこしも存在しない。特筆すべきはコラージュが「二心」を持っているという点だ。性質もスケー

ルも違う物同士が玉突き衝突を起こしている状態、これは東京という都市の本質に由来する。一方、異なる様式を選び集めたもの、これは文化的な性格を有するので、前者とは区別しなければならない。東京は雑多であると同時に不均質なのだ。

初めは中国と、次に西洋と衝突してきたお馴染みの歴史、自閉的でありながら他者にどん欲なハイブリッド文化、いく度も大惨事に見舞われながらも、江戸の上に東京を積み重ねてきた純然たる歴史の長さ、そして資本主義の騎士としてデビューし、鎧で身を固めていくまで。これらの前後のくわしい顛末には触れないが、以上が本質と偶然性とを築き上げてきた。その善悪すべてを結晶化したのが、建築および都市計画に関する規制の法令集である。

東京は古い国のなかにありながら、ニューヨークの若さを保っている。

レプリカ

東京は不均質で雑多なのに、それに負けないくらい唯一無二《ユニーク》でもある。だがこのパラドックスは見せかけにすぎない。なぜなら、コラージュの多くは個々の人間がなんの示し合わせもなく下した決定の産物であるが、積層化のプロセスからも前者と同様の頻度でコラージュが生じるため、独特のローカルな意味合いを帯びてくる。まず西洋人の日本文化理解の妨げとなっている根強い神話に的を絞って考えよう。私が言っているのは、模倣《コピー》と借用を混同する型にはまった物の見方である。近代化への道が西洋の影響を強く受けたせいであるのは誰もが認めるところであり、また、世界中の都市が新しさと既知の形態の再現との曖昧な関係のうちに成り立っていることも明々白々であるが、日本人はきわめて古い時代から借用の概念を取り入れてきたため、独特の文化、空間認識を持っている。

ちだが、「見立て」の概念は、西洋では「レプリカ」という茶を濁したような語に訳されるため誤解されがちだが、元来は日本の伝統的な作庭術の基本理念のひとつであり、庭師はさまざまな風景を借用して再創作したミニチュアを巧みに配して庭を構成する。見立ての極意は借用をオリジナルの創造物と対立させるのではなく、逆に両者を親密に結びつける点にある。こうしてつくられた庭では、借用は実際の場所のコピーというより暗示、メタファーである。見立ての対象となるのは中国や日本の名刹、あるいは文学作品や神話に語られた場所である。教養ある散歩者はこの典例と創意工夫を織り交ぜた宇宙のなかに引用を認め、またひとしきり夢想にふけるのである。

「レプリカ」は建築や都市計画に応用され、おもに雑種系、紋切り系、精神分裂系という三系統に発展していく。この三つはときに重複することもある。

コピーはいかにそっくりそのままにつくっても、どうしてももともとの文脈からずれている感は否めない。エッフェル塔やボルドーの城を再現し、そこにフランス料理の三つ星レストランを開店しようと思い立ったとしても、でき上がるのは所詮雑種にすぎない。それは時間と場所の違いのせいである。こうした「そのまま」の引用も、単にコラージュされただけで生まれ変わることがある。私にとって、まさにその原型と思われるのが、ガウディがカタルーニャで手がけたカサ・バトリョの人体形状を模した錬鉄製バラスターの寸分たがわぬコピーである。これが、ちんけなオフィスビルのバルコニーに取りつけられているのだ。その金属製の顔がなければおそらく目に留まらないビルを、私は何年間も山手線の高架の車窓から、なんとなく当惑しつつ眺めたものである。

紋切り系は見立ての堕落した消費主義版であり、その格好の例が、ありとあらゆる工夫をこらした建売り住宅がどこまでも並ぶ郊外の砂漠である。大手住宅メーカーのカタログオーダー式戸建てが並ぶ住宅不毛の王国では、「ネオ」が花盛りである。ネオクラシック、ネオコロニアル、ネオ数寄屋……なんでもネオをくっつけて新語をでっちあげるネオロジズムの世界なのだ。

精神分裂系は、これよりもっと知的だが病んでおり、博識であると同時に、現代社会の虚しい物質主義とその果実である都市に批判的な一部の建築家の手の内に属する。見立ての手法が更新され、ここでは超現実的な側面を見せ、不協和音を奏でる。こうして磯崎新は日本の現代都市を徹底的かつ巧妙に再現することで、これを嘲笑い、各種借用モチーフをわざと邪見に並列することで、鍛えられた目にしか見分けられないようにしている。様式、時代、場所の百科全書さながらの大いなる混乱のなかに、ミケランジェロやフランス人ルドゥーの断片が、スコットランド人マッキントッシュを彷彿とさせる意匠やマリリン・モンローの豊満な肉体の曲線の借用と寄り添っている。

運 32
Aléas

偉人

西洋人の過客を困惑させるのは都市問題ではなく、都市計画の問題である。欧米の都市の多くは、その建設に貢献した英雄を顕彰する。ローマは、ルネサンス期の教皇ユリウス二世とシクストゥス五世、サンクトペテルブルクはピョートル大帝、パリはセーヌ県知事オスマンとアンシャン・レジーム下の先任者たち、ワシントンはピエール・ランファン少佐、バルセロナは技師のイルデフォンソ・セルダ、ニューヨークは造園家フレデリック・ロー・オルムステッド、シカゴは建築家ダニエル・バーナム、キャンベラはやはり建築家のウォルター・バーリー・グリフィン、ブラジリアも同じくルシオ・コスタとオスカー・ニーマイヤー、他にもアフリカ、南米で建築家たちの業績が讃えられている。彼らの多くはフランスの美術学校で学んでいる。日本で彼らに相当する人物は、一九六〇年代のユートピア的プロジェクトで知られる建築家・丹下健三をのぞいては、いずれも今ひとつ知名度が足りない。そもそも都市建設者と徳川黎明期の将軍たちを祀る殿堂は存在するのだろうか[1]？　後藤新平、池田宏、石川栄耀《ひであき》、といった二〇世紀前半の日本版アエディリス（造営官）や都市計画家らの重要性や才能を知る人はどれだけいるだろう？　彼らの功績は過小評価されている。それは現代日本に制約や計画性が明らかに欠如しており、また、一九六〇年代に市民の生活環境の劣悪化に抵抗する戦いが起こったからである。

1　新都市江戸と城、濠の普請を行った徳川の初代将軍家康、二代秀忠、三代家光と諸大名らは、事実、ここに挙げた西洋の偉大な人物に匹敵する大役を果たした。だが江戸は大惨事にたびたび見舞われた挙げ句に、一八世紀には急速に過密化し、さらに東京となってからは西洋化したため、彼らの功績は忘れ去られてしまった。

大いなる帝都

一八六〇年代以降、日本人は開国により江戸以外の都市を知ることになる。ヨーロッパ各国の主要都市の多くが、整然として明快で、その壮大さで為政者の意を代弁し、衛生学が導入されている様に心打たれた日本の意思決定者たちは、帝都東京と化した江戸に新たなオーラを纏わせたいと願う。そこでロンドンとパリが微に入り細に入り検証された。そしてリーゼント・ストリートとリヴォリ通りが、相次ぐ大火により焼失した銀座と丸の内両地区の再建に影響を与えることとなる。前者は一八七〇年代初期に商店が、後者は八〇年代に煉瓦造りのオフィスビルが建設され、西洋化のモデル地区となる。[2]ところが、この両案件（銀座は官主導、丸の内は民主導）をのぞくと、産業および郊外の加速度的な発展の健全化、美化、抑制、掌握をめざした計画、条例、法律、文書のほとんどは、絵に描いた餅に終わっている。政府が経済的裁量を下し、近代的な産業手段の創出と植民地拡大主義的な外交政策が重視されることになる。だが都市開発の優先事項の決定はこうすんなりとはいかない。建築物の質を向上すべきか？　それとも下水道も舗装道路もない都市のインフラ整備を推進すべきか？　地域の利害が対立するうちに突如大惨事に見舞われ、都市は壊滅状態に陥る。こうして決定は下されぬまま半世紀以上ものときが流れ去った。もしもあのとき、裁量が下されていれば、急激で混沌とした拡大には歯止めがかかり、東京はもっと帝都にふさわしい風格をそなえ、おそらく西洋の大都市にもっと近づいていた……かもしれない。

デモクラシー

明治時代の専制主義がなおも続く一九二〇年代、一種の解放運動が起こる。これは一九一二年に始まった新元号を冠して「大正デモクラシー」と呼ばれる。明治時代の計画は都市を美化するにすぎなかったが、一九一九年、ついに正真正銘の都市計画に関する法規がこの国に誕生する。池田宏率いる内務省テクノクラートの後押しにより、日本の近代史上初めて、法的拘束力ある措置

2　その形態は一九二三年の関東大震災により瓦解して久しいが、東京の目抜きのビジネス街が丸の内地区につくられたのは明治時代、今から約一五〇年前の造営官の決定によるものである。

3　旧都市計画法はゾーニング（住居地域、商業地域、工業地域の三ゾーン）を規定する五つの大きな章で構成される。これら三地域内に指定できる地域地区：風致地区（一定の公園もしくは寺社地の境界線の保護）、美観地区（都市中心部の歴史的地区）、防火地域（防火、準防火の二地域内では使用建材が規制される：木造または石造、煉瓦造、コンクリート造）。市街地建築物法（種類、容積、建築面積、建材）、建築線（敷地前面道路の幅員に応じて決まる建築線）、インフラストラクチャーおよび区画整理手続き。

を備えた都市計画法が裁可されたのである。[3] 一部は当時の進歩主義的なドイツ法を下敷きにしつつ、一八八八年公布の東京市区改正条例の構想の一端を引き継いだこの法律は、都市開発の規制によって都市生活の質の向上をめざした。だが、同法は東京をはじめとする日本の都市を西洋の都市に近づける重要な足跡を印した一方で、その成果を十全に発揮することなく、結果として江戸時代の都市計画の根深い曖昧さを後々まで引きずることとなった。[4]

4 本書33「政治」および34「陰」を参照。

大火

政治・歴史的妥協に加え、またしても偶発事態がひと役買う。一九二三年九月、巨大地震がまだ江戸の面影を残す東京の大部分を破壊する。一九一九年公布の法律の後ろ盾を得た内務省の都市計画家たちの手によって作成されたばかりの企画書と図面は、大火に呑み込まれ消滅する。この緊急事態により、都市を美しくするための改革政策の実施は恒久的に見送られることとなった。一九三〇年代、日本が軍国主義、植民地主義の新局面に突入し、一九四五年の悲惨な敗戦に向かってまっしぐらに突き進んでいくと、経済資源は戦力の強化に総動員され、都市環境の管理は手薄になる。終戦よりしばらくの間、経済は脆弱さを呈するものの、やがて、この国の「産業ルネサンス」というより、一種の「第二次産業革命」の推進にすべての経済資源が集中したため、またしても都市計画は不遇をかこつこととなった。東京の郊外は、空襲で都心部から焼け出された避難民が流入し、一気に膨張する。そして、なんといっても集団就職や出稼ぎによる労働人口の大移動がこれに拍車をかける。これらの地方出身者らは劣悪な住環境に甘んじながらも、経済の新奇跡によって職を得る。こうして郊外は、またしてもその先数十年にわたり、規制の緩さに乗じて拡大していくことになるのである。

政治 33
Politique

年代記

江戸は二六八の齢を重ねた後、東京へと変貌し、現在、一四三歳である。この二都物語において、ひとつの首都からもうひとつの首都に切り替わる短い交代劇は、この都市を繰り返し襲う悲劇的な中断を凌ぐ、特大扱いのニュースである。それは幕末の騒乱のなか、政治によってこの都市に継続した方向性が与えられたことの証である。

東京にはいくつかの予測的プランがあった。また、その法規体系はいく度となく手直しされてきた。それらはともあれ、近代都市計画の法的枠組みの構築は、一九一九年、一九六八年、一九九二年、二〇〇〇年という四つの大きな節目に要約される。それぞれの節目に、立法府は都市機能の定義と分離を行い、そこに一定の都市ビジョンを反映させてきた。ゾーニングの一方的な押しつけは、既存の都市とそこでの生活の質を守り、都市の拡大と将来のインフラストラクチャーの拡大を抑制、解消し、未然に防ぐのにうってつけの手段である。だが進化につれ強制権が強化される一方で、郊外の爆発を交通整理しようとする試みには再三にわたって失敗している。まるで失敗することが初めから決まっていたかのように。しかも呆れたことに、いつも同じ理由で。不成功の元凶は三つあるように思われる。一に国の役割、二に市民の不在、三に都市の概念。ここでふと疑念が生じる。まさか当地では、都市計画と法規制に同じ役割を与えているのではあるまいか？　ならば、失敗は本当に失敗だったのか？

システム

幕府から現代にいたるまでの専制的で中央集権的なシステムと、「国家はその資源を市民の生活環境を整備するための計画に費やすべからず」という権力中枢内の多数派意見が相まって、都市開発の原理そのものに不利な力が働いてきた。江戸時代、幕府は下町の維持管理に手も下さなければ、金さえも出さなかった。東京になってからは、ここまであからさまに非民主主義的なシステムはさすがに存続できないものの、基本原理は同じである。たとえ一九六〇年代の環境破壊、公害に反対する市民団の反対運動が一定の成果を上げたとしても、国が真っ先に資源を割り当てるのは、政治と経済である。「何でもあり」の郊外に「ニュー下町」が出現しても、現代の公方様は、「われ関せず」である。[2]

第二次大戦前の近代化と植民地拡大主義、そして二〇世紀後半の復興と経済至上主義は都市開発の規制にしばしば悪影響をもたらした。都市の新興開発地のためにインフラストラクチャーを整備し、居住可能にするためにかかる初期費用は経済発展を阻害するものとみなされる。足りないインフラを後からつくるための追加出費は最大限先延ばしにされる。つまり、一部を地元の自治体に負担させるか、最終的に国が負担する代わりになんらかの利権が得られるようにする。近年の余分で高額な交通インフラ整備事業もこれの例外ではない。企業を優遇し、あわよくば不明瞭な資金源を得ようとするのである。

こうした政治背景においては、不測の緊急事態が起った後の復興事業でさえも、都市の運営管理の助けにはならない。これを都市の美観を整え合理化する絶好の機会と捉えるよりも、ぎりぎり最低限の費用で、ただ再入居させるか、地主らの抵抗に遭うのを恐れ、土地の整理統合はほとんど行わず、主要なインフラだけ面倒を見て、あとは生産手段の建設または再建を支援するからである。

1 本書29「本質」および32「運」を参照。

2 一九四五年以来、さまざまな呼称の保守政党が政権を担ってきた。

陰 34

Ombre

江戸の面影

「機能別ゾーニング」という新概念が一九一九年公布の都市計画法とともに出現する。この単純な理論は、都市生活の質を守りたいという願いに機能の定義と分離によって応えるものである。しかし、この概念は生粋の日本的道理からではなく、西洋の道理から生まれた、いわば外来種であり、この地で雑種化していく。ゾーニング規制は、狡猾な妥協術とともに堕落する運命にあった。内務省都市計画課長、池田宏は昔ながらの混成を保った、拘束力の非常に緩いゾーニングを設定する。住居、商店、小規模工業は、その配置に制約こそあるものの、かつての下町のごった煮流で共存共栄できるというわけだ。現在進行形の都市化を規制する一方で、既存の都市の気風は守ろうとする、このふたつの意志の絶妙な按排に、われわれ現代人の多くは舌を巻くと同時に眉をひそめるだろう。しかし、新たに重工業が発展し、居住条件が加速度的に悪化すると、この現状肯定の姿勢の有害性が露呈する。

将軍のいた時代を彷彿とさせる、もうひとつの特性を挙げよう。権力者たちの住む広々とした武家地と、維持管理は住民まかせの過密な下町とを隔てる境界線は、都市圏が広がるにつれ、外へ外へと押し広げられていった。これらの周辺地域は、本来の江戸のあった範囲を主な規制の対象とするゾーニングという新しい法的枠組みからははずれたまま、二〇世紀の大半を人口爆発に終始した。

都市の形態

法体系成立の四つの大きな節目(一九一九、一九六八、一九九二、二〇〇〇年)の後には必ず各種の改正法がぞろぞろと金魚の糞のように続いている。そこから見えてくるのは、いったん決めた規制を緩め、これを永続化させようという、この国の歴史遺産とも言えるやり方である。ゆっくりながらも都市の保護は強化されているし、一九六〇年代の生態系破壊以降は、より多くの住民の参加を得ようとしているにもかかわらず、都市は不揃いのままである。この法の三大特性、「法的枠組み外」、「ゾーンの混在」、「規則の例外」が三位一体化し、東京の無秩序な外観を法的視点から説明するに飽き足らず、これを神聖化し、定着させているのである。

枠組み外

ゾーニングを行うと、いつもかなり多くの都市周辺部が法的枠組みの外側に取り残される。また、規制の対象となる部分にも、ほとんど制約のない、いわゆる空白ゾーンが生じる。ここでは自由とアナーキーな開発が横行する。これは指定のし忘れというより、意図的にそのように決められたとしか思えない。

混在

開発規制の対象となる地区は、厳密に規定された各種ゾーン名で区別される。ところがそこでも、居住専用地区あるいは工業専用地区をのぞけば、住居、商店、事務所、工場がさまざまな割合で混在している。廃棄物集積場、車輛解体場、セメント工場のように公害をもたらすような一定の事業、その他近隣に迷惑をおよぼす事業も許可される。立法府は実際の建物のことなど一切おかまいなしに、これらを大胆にも混在させてしまった。そして、この混在が近代の下町をつくり上げたのである。

例外

さらに、これらの規制ゾーンのど真ん中にさえも多くの例外がしぶとく生き残っている。農地、畑、水田、果樹園等の生産緑地は存在を許されるどころか、宅地よりはるかに低い課税率で奨励されているのだ。ゾーンに応じ三〇〇〇平米未満、もしくは一〇〇〇平米未満のいわゆる「ミニ開発」用の宅地は開発免許なしに取得でき、法律上は最も簡略なインフラ以外に整備する必要がない。敷地前面道路が一本ありさえすれば、下水道の配管をめぐらせなくとも、個人向けの小さな分譲地をそこにいくつかつくるに十分である。とくに一〇〇〇平米未満の土地は、昔ながらの水田の区画である一反（九一一平米）がすっぽりと収まる、まことに都合のよいサイズなので、癌細胞のように増殖中だ。開発業者はその中央に幅四メートルの袋小路を設け、両側にそれぞれ六棟ずつ家を建てる。こうして一二棟の戸建て住宅が建ち並ぶ区画が乗っかった昔の農地の区画が郊外の田園風景と一体化して、増殖する郊外のひとつの原型を形づくっている。最小限の規制に乗じて郊外は膨張し続けているのだ。規則が不規則を呼ぶ、さもなければ助長している。

1　この法的措置は都市整備ならぬ票田整備を狙ったものである。第二次大戦以来ずっと、農家はおもに保守に票を投じ続け、一政党が全ての先進国中で最も長期にわたり政権を握るのを助けることとなった。

メモ

じつのところ、日本の政治は都市計画を金喰虫として毛嫌いしている。昨今、規制の必要性を理解したとはいえ、それは環境悪化の責任を問う訴訟を避けるためである。法の瀬戸際で政治はようやく都市計画に賛同するというわけだ。

かたや都市計画家は、環境を保全し、美化する規則を愛している。都市計画家は厳格さを増殖させるが、往々にして、形式的、社会的、歴史的な理由から、東京のハイブリッドなエッセンスを残そうとする。建築物を取り仕切る中央省庁の象牙の塔の中に閉じ籠った都市計画家の信条は、地権者の利害や猜疑心と直接衝突する。

退屈だ。さあ、船を出そう！（横浜市内某所の風景を動かしてみる。輪郭を白くなぞったのが近景にあった建物）

「いづこもおなじ秋の夕暮れ」では寂しすぎる。あの「退屈な国」から来た者の眼にさえも、この風景は

試み 35

Tentatives

関東、一九二三

日本の都市計画の優柔不断さを雄弁に物語るのが、後藤新平の例である。この公僕は高級官僚として植民地を渡り歩き、内務大臣、東京市長等の職を歴任後、一九二〇年代初めに再び内務大臣に就任する。一九二三年の関東大震災の荒廃に立ち向かい剛腕をふるうべく、内務大臣兼帝都復興院総裁に起用された後藤は、この機を捉え、東京を近代的で美しい都市にするためのマスタープランを早速立案する。しかし、クリストファー・レンやダニエル・バーナムといった先達の美化プラン（前者は一六六六年のロンドン大火後、後者は一九〇六年のサンフランシスコ巨大地震発生直前に出された）、あるいは一九九五年の阪神淡路大震災で破壊された神戸の建築および都市の合理化に関する後輩らの提案と同じように、後藤のプランもその土地整備と予算の点から、たちまち槍玉に挙げられる。不動産業者からは差し迫った圧力がかかり、事態の緊急性ゆえに早々に再建が許され、さらに都市再編を警戒する民間の抵抗運動が起こる。いつの世も都市計画家らの意志には横槍が入るものである。緊急事態で駆り出された後藤であったが、翌年にはその職を辞してしまう。同じ緊急事態を振りかざす相手に駆逐されたのである。

内務大臣の広げた都市計画の大風呂敷はぐっと小さく折り畳まれてしまったものの、一部の重要な構想だけは一九一九年公布の法律の後ろ盾を得て生き残った。かくして多くの道路が拡幅または新設され、一部の橋、公園、ミニスクエア（都内各所の有名なポケットパーク）、緑道、学校施設、鉄筋コンクリート製集合ビルの類型が建設された。だが、これらの重要とされる整備も、質の点では一種の凡庸さが目立つ。[2]

さまざまな伏兵の出現により、壮大な美化計画の全貌は瓦解したが、地震はもうひとつの都市問題への突破口を開けた。この復興計画の実現にあたっては、一九一九年市街地建築物法とともに生まれ、今もなお異論の絶えない新たな法的・技術的手段が一定の成果を上げた。それは公共の利益のための区画整理であり、介入主義的意志が一段と強く打ち出された措置である。

1　後藤はまず大日本帝国植民都市の計画家として頭角を現し、満州の大連、台湾の首都台北でその腕をふるう。彼の功績は、日本の独裁体制下の植民地時代の汚名により輝きを奪われてしまったが、その重要性に変わりはない。東京に帰り、日本の「外地」で試し、成功したものに近い方法を適用しようとした。

2　有名な鉄筋コンクリート製複層階の同潤会アパートは、木造家屋の建ち並ぶ都市においてはまったく新しい類型と素材の集合住宅として全部で五六〇〇室あまり建設された。三五万四〇〇〇戸が失われた一九二三年の関東大震災の破壊規模からすれば、その実効性よりも象徴性のほうが勝っている。建築物として優れた質と独自の共同出資方法で注目されたこのアンサンブルをのぞけば、いずれの建物も法を遵守しておらず、凡庸である。一部の日本人歴史家は、震災後の都市整備の美的クオリティをしばしば高く評価するが、私はこれにくみしない。橋の設計はかなりぎこちないし、隅田川の小公園や川岸は線が細い。

東京、一九四五

震災よりさらに破壊的だったのが第二次大戦末期の米軍による空襲である。木造都市東京は焼夷弾で焼きつくされる。都市問題は一九二三年より深刻だった。なぜなら国家経済は完膚なきまでに破壊され、二〇年前のように他の地域から救援の手は差し伸べられなかった。だが、役者こそ変われ、歴史は繰り返す。東京都の都市計画課長、石川栄耀が一九四六年、首都の戦災復興計画を立案する。それはきわめて野心的で、またしても……非現実的なプランであった。もし、そのすばらしいエコロジスト的都市観にしたがって再建されていれば、東京は世界で最も緑豊かな都市になっていたであろう。

新たな面積のじつに四三パーセントが公園、庭園、緑道等のグリーンベルトとなり、これが人口二、三〇万人単位に分けられたコミュニティを取り囲むはずだった。だが、経済優先の政治と現地の不動産事情がこの青い夢を摘みとった。

不死鳥、一九六四

東京は二〇年かけて焼け跡から不死鳥のごとく蘇る。しかし、実際の都市は、当局が思い描いたプランとはほとんど無縁の形態となった。政治と行政の決定が引き起こしたふたつの現象、「スピード」と「高さ」が、東京の外観を劇的に変えていく。このプロメテウスの工事現場を測定するには、三語で事足りる。一九八八年のソウル、二〇〇八年の北京のように、東京は一九六四年にオリンピックという巨大な広告作戦を展開する。雄大な記念碑的競技施設が都内のここかしこに建てられ、そしてなんと言っても総延長一三八キロメートルの道路がつくられた。三二キロメートルにおよぶ新たな首都高速道路網が既存の道路の頭上に覆い重なるように築かれ、今日の都市の神経系統を構成している。地下鉄八路線の建設が決定し、他に数路線が完成した。こうして「スピード」化に拍車がかかった。

一九六三年、建ぺい率と高さ制限の規制が見直される。東京の上昇を阻んでいた見えない覆いがぷかりと浮上し、一九六八年には霞が関ビルが、次いで西新宿に副都心の高層ビル街が出現する。水平都市は命脈つき、日本もロンドンやパリのように次第にマンハッタニズムに席巻されていく。こうして「高さ」が加わった。

一九四〇年に四〇〇万人だった人口は、一九四五年に二八〇万人に落ち込むが、一九六〇年には八三〇万人に膨れ上がり、現在は一三〇〇万人に落ち着いている（首都圏全体だと三七〇〇万人におよぶ)。大半は一日あたりの平均通勤時間が二時間の「郊外の下町」に住む。こうして「スピード」、「高さ」に「広がり」が掛け合わされた。

ニューローマ

東京オリンピック当時の壮大な建築をも凌駕する、最も注目すべき巨大プロジェクトと言えば、やはり頭上で雷鳴を轟かせる首都高速道路網と足下の見えないところで着々と伸び続ける地下鉄の根茎(リゾーム)である。日本人は祖国から一歩外に出れば、古代ローマ人さながらの立派な都市計画家なのだ。この国には偉大な建築家や有能な技師だって山ほどいる。

東京はローマと同じくさまざまな利害が錯綜するなかで進化を重ねてきた。そして古代の都は現在の下水道システムの前身、「クロアカ・マキシマ」を持つにいたった。それなのに、日本人の都にはいまだに下水道網すらない。[3]

3 下水道網が建設されなかったのは、江戸時代の造営官たちの知識不足のせいではない。それどころか、便所から人糞を直接採取し、これを農業用の肥料として売るという極めて効率的なテクノ経済システムが存在したせいである。一九五〇年代に消滅した、このシンプルにして衛生的かつ低コストの経済が下水道網建設の遅れを引き起こした。現代の都市化地域における都市計画法の放任主義もひと役買った。

ファブリック 36

Tissu

アーバンファブリック

これは建築家、都市計画家らの業界用語で、都市の物理的様相を描写するときによく使われるメタファーである。フランス語の「tissu urbain」は英語から来ていることは明白だが、英語の対応語「urban fabric」よりも意味が広く、「tissu」は有機体や植物の組織、さらには布に加工された素材等、複数の解釈の余地がある。「urban fabric」の「fabric」は、真っ先に人の手によって加工された品を指す。これを受け入れると、単にさまざまなパーツを寄せ集めて組み立てるアッサンブラージュよりもさらに一歩踏み込み、人間がつくり上げた、全体にまとまりのあるフレームを提供するための都市編成を意味することになる。日本人はこれに相当する語を持たないが、文脈に応じて町（街）並み（都市を遠くから眺めたときの家々が並んでいるさま）、あるいはまちづくりといった言葉に訳される。この対応語の不在は、言語間での微妙な意味の違いだけでなく、都市空間の概念の違いによるものでもある。日本語でアーバンファブリックを語ろうとすれば、むしろそのオーガニックな意味合い、すなわち独立した一つひとつの細胞で構成された、しなやかな有機体に喩えるべきであろう。

この有機体単位の連続とそれらを連絡するインフラストラクチャーの絆だけがひとつのまとまった形態を保っている。外来語をいともたやすく取り込んでしまう国において、メタファーが存在しないということは、そのような仕事が日本語に求められていないことを証明している。京都の格子状プランとその模倣、たとえば江戸のここかしこに見られるグリッドの断片への中国の影響をのぞけば、当地において都市とは、あらかじめ想定されたフレームだと思われてもいなければ、理解されてもいない。[2]

記憶

近年のまちづくりの基本理念と保存地区（ゾーン）の設定は、ヨーロッパが都市を保存するために行っていることに近い。しかしながら、本質的な違いがある。自治体が公布する、このいわば「都市のよいたたずまい憲章」には法的拘束力がない。国の都市計画に関する法典は、地方に法律を制定する権限を認めていないのだ。長いこと、保存は特定の古い建物だけを対象とし、その近隣にも、都市全体にも目が向けられてこなかった。だから保存は点描画法的であり、まちづくりの規則の役割も、変わりゆく景観の保存よりも公害の防止に配慮したものである。ここから、日本のプシュケが自らの過去と都市を思考する方法が明らかになる。ひとつのファブリックを醸し出している歴史的記憶のおぼろげな輪郭のプレグナンツよりも、いくつかの点在的なシンボル、多くの細胞のうちのほんの数個が古《いにしえ》の黄金時代の夢を共有する。それ以外の東京は、現在あるいは未来の総計である。

1　この用語はとくに一九六〇年代末に生まれた参加型の取り組みを指す。都市環境が次第に悪化し、国の放任主義が住民運動を引き起こした。これを地方の市町村が引き継ぎ、数々の都市憲章を制定し、都市フレームづくり、あるいは保存を引き受けようとしている。

2　本書28「幾何学」を参照。

37 利己 Le Moi

主体

視覚的カオス、都市の不定形性、建築学的共感の欠如、階級の私的並列、空っぽの中心。これらは今日、日本の主体不在の現れとして頻繁に紹介されている。八百万の神々の存在についてはすでに論じた。[1] これらの文化的類推を探すこともできる。たとえば意味深い空虚、「間」の観念や文法上の主語をしばしば避ける日本語の構文など……。[2] だが、もっと実践主義的な方法でカタストロフィのことを語ろう。日本の都市計画家が多くの書類を作成している一方で、政治責任は明らかに希薄化され、法的拘束力ある都市整備を行おうとする意志は不在のままである。外見上の秩序を欠く首都、東京。これは新しい典型（パラダイム）となり、ゆえに一九七〇〜九〇年代のポストモダン期の初めから終わりまで、西洋のモデルに対し疑念を抱かせ、主体の危機を招いた。だが、現実はさほど単純ではない。[3]

歴史を振り返ると、特定の時代には強い権限を持つ象徴的な役者がいたことが分かる。まず江戸の開祖、徳川家康が登場し、そ

1 本書15「道理」を参照。

2 文脈上意味が通じるかぎり、主語は省略されてもかまわない。たとえば、恋する男は相手に向かって「僕は君が好きだ」などとまだるっこしいことを言うよりも、ただ「好きだ」とだけ告げるだろう。相手と共感でつながっていることが、ふたりにはもう分かっているからだ。もうひとつの例として富士山麓の保養地、箱根への旅の効能を謳う車両広告を挙げよう。花盛りの斜面を行く列車の写真を飾るのは、「箱根」「紫陽花」「列車」の三語を構成する漢字七文字だけ。この広告の主語は三つのうちのどれだろう。答えは、そのいずれかひとつではなく、三つともだ。一面の青い紫陽花の野を横切って箱根をめざす列車は、恋人たちの情景と同じように、この三語を必要とする共感の瞬間である。広告メッセージと日本語の構文には共通の原理が働いている。

の直近の全能の後継者らが続いた。著名な近代の建築家・丹下健三は、「東京計画一九六〇」と銘打った唐突でカリスマ的な提案で、東京湾を蜘蛛の巣状の層で覆い、首都に一〇〇〇万人の新たな住民を受け入れようとした。こうして丹下はル・コルビュジエのパリ市向けプラン「ヴォワザン」に触発されたユートピア的境地を見せつけた。もっと最近では不動産開発業者、森ビルが、ローマ字のMに順番を表す数字を添えたものを一〇棟ほど並ぶビルの装飾にして、商業主義的かつ自己中心的な広告効果を生んだ。これは民の権力の格好の例である。[4] 右に挙げた役者一人ひとりの重要性は、イタリア・ルネサンス期の教皇の一部、ロシアのツァー、中国の皇帝、パリの知事、カタロニア州あるいはブラジルの都市計画家、ニューヨークの不動産開発業者らのそれに十分匹敵すると私には思われる。

3 本書26「起源」と28「幾何学」を参照。

4 本書38「迷宮」を参照。

役者

いかに有名であれ、自らの名において都市に手を加える主体はこの国にはめったにいない。だが、昔から民の畑の強力な役者が、東京を決定的な方法で加工してきた。たとえば江戸が新帝都東京としてデビューした明治初期の一八七二年ごろから、丸の内の主要地区のほとんどを所有し、ここをビジネスの中心街、日本の資本主義権力の本丸に仕立て上げた三菱地所。また、同時代から多くの事業案件に参加し、つい最近では東京ミッドタウンの開発を主導した三井グループ、そしてこの複合施設の隣人にしてライバルの六本木ヒルズに代表される森ビル帝国、あるいは不動産開発も手がける大手私鉄、小田急と東急。この二社は両大戦間に都内沿線地区の大部分と都の西方および南方に広がる郊外のかなりの部分を開発した。こうして両社は、急進運動をする列車に郊外の住民らを乗せて、彼らの仕事場のある山手線の輪のなかへと送り込み、さらには山手線上のターミナル駅に百貨店を構えて彼らを消費へと駆り立てた。この都心をぐるりと取り囲む山手線の経路は一九二五年に閉じられた輪となった。[5] 明白な主体と、身分は特定されているが匿名性の高い役者との違いはそこにある。後者の戦略は大がかり、かつ断片的で、実利と金儲けと実効性を重んじ、排他的競争を繰り広げながらも、都市交通網、都市モデルのなかに組み込まれているという点で、互いに協力し合っているのである。

5 この図式は、企業が従業員に仕事と住まい以外に各種サービスや店舗も提供する社員寮の拡大版、あるいは一部の欧米の郊外開発を連想させる。ちなみに、これらの百貨店の「別館」が、より遠隔地に増殖し、周辺ネットワークを編み続けている。

38 迷宮 Labyrinthe

旅館症候群

この国の伝統的宿泊施設、「旅館」は宿泊客にふたつの驚くべき魅力を提供する。それは寝室と廊下である。西洋の宿泊施設が基本的に、時を過ごしくつろぐという単一機能の部屋を提供するのに対し、旅館の部屋はいわば畳の小劇場で、そこではありとあらゆる光景が時とともに繰り広げられる。宿泊客の数は、ふたり連れから子連れの家族や団体旅行客まで変化する。到着時は、質素でがらんとした空間に背が低く細長い漆塗りのテーブルが据えられ、そこには湯沸しポット、急須に緑茶、そして香ばしい煎餅[1]を乗せた盆が置いてある。テーブル周りには、丸みを帯びた簡素なＬ字型に還元される、腰に楽で脚のない椅子が配されている。その座面はくりぬかれ、穴をクッションで塞いである。客室はダイニングルームに早変わりし、早めの夕食が供される。食事が終わると、敷布団と羽毛の掛け布団からなる寝具一式が押し入れから突如出現し、床面に直接敷かれる。よくあることだが、食事が長引くといささか混乱が生じる。酒が入った長い宴会の末に、すべてがひっくり返される。テーブルはざらざらの塗り壁に立てかけられ、酔った客はびっしり敷き詰められた布団の上に入り乱れて眠る。

長い廊下も役目が変わる。旅館はさまざまな地区が集まったミニチュア版都市のようなものを形成しているが、それらの地区と地区をつなぐというか、むしろ敷地前面道路のような役割を果たしているのが廊下である。廊下は直線を無視したつづら折りになっており、随所に曲がり角や奥まった隅が隠れており、大浴場、受付のある玄関ホール、食堂、離れ等に通じている。[2] だから旅館の図面は、経済的効率性よりも宝探しの迷路を思わせる。

1　米粉の焼き菓子。
2　室内は裸足なのに、廊下を歩くときわざわざスリッパを履かねばならないことで、通りを出歩く気分をいっそう高めている。

脱計画化

近年の民間不動産開発事業の代表格で、森ビルが手がけた複合施設、六本木ヒルズは、こうした旅館の仕掛けの拡大版を旨としている。このプロジェクトの精神的父のひとりにして都市計画家の伊藤滋は、ホテル、文化・メディア施設、住居、オフィスを取り揃えた計画の壮大さの点から、ヒルズをいささか大げさにニューヨークのロックフェラーセンターに喩えて見せた。ロックフェラーと言えば、アーバンファブリックの形成における民の権力の圧倒的優位性の象徴、表象であるが、ヒルズはそれとはまったく正反対の都市概念を打ち出している。マンハッタンのアメリカ人建築家たちは、風車型巨大複合施設のプランの合理性と機能的明快さを第一に重んじた。東京はこれとは反対に、迷宮の混乱こそが今日的であり、一番旬の建築であると宣言しているのだ。森ビルの帝国では仕組まれた「脱計画化」、「無計画化」が基本である。

旅館のイメージ、江戸、山手の変遷の有機論的イメージ、そして現代の大規模ショッピングセンターのイメージを併せ持つこの施設のあらゆるものが見物客や買い物客を惑わせ、うろうろと歩き回らせ、驚かすのだ。評判の、あるいはすでに行ったことのあるブティックやレストランを探すのだが、四方を見回しても階数を知る手がかりはなにもなく、途方に暮れ、頼れるのは自分の視覚的記憶と随所に設置された複雑で、難解で、極端にグラフィック化された案内表示のみである。ここでは、やたらに目につき、繰り返し現れる表示が建築の欠如の穴埋めをしている。チラシで気前よくばらまかれる、あるいは壁に貼られている案内図が現実にとって代わっているのだ。[3] 時は今、合理的な建築よりも場所場所による変化を尊ぶ拝金主義が隆盛なのだ。陽気な都市の多様性は、堰を切ったようにまがい物の淵へと注ぎ込んでいるが、コールハース流の超現実的スタッキングの力強さ、本物の下町ストリートの自由な活気には到底及ばない。

3 ヒルズの最新競合施設、東京ミッドタウンもやはり巨大な民間不動産開発事業である。こちらの設計は日本人とニューヨーカーによるもので、ヒルズよりずっと明快だが、ロックフェラーの合理性にはまだ及ばない。他にも恵比寿ガーデンプレース、赤坂サカス、東京駅正面の新丸の内ビル等の複合施設（コンプレックス）があるが、いずれもその名にふさわしく、なかなかに複雑である。

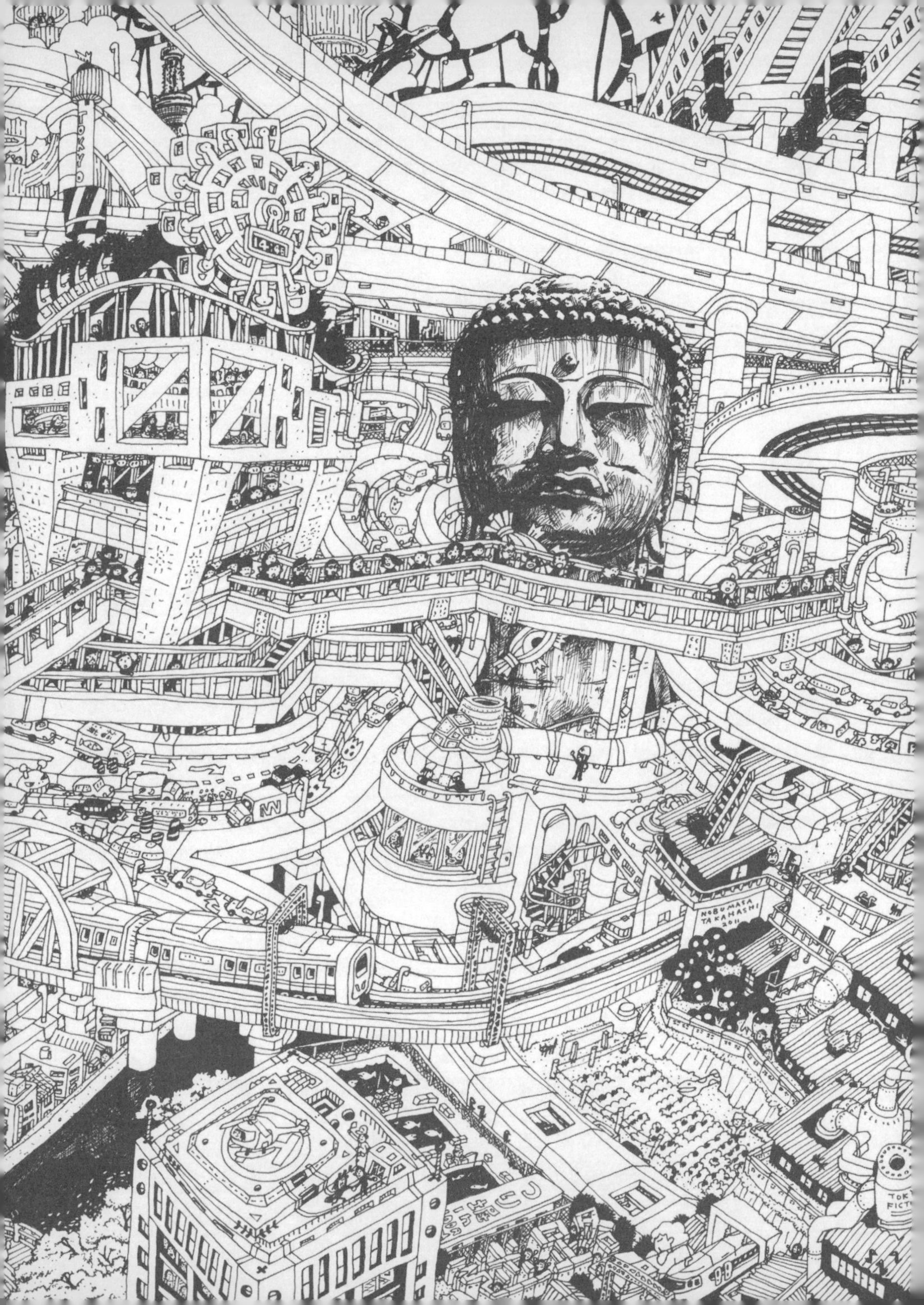
TOKYO
NOBUMASA TAKAHASHI 2011

39 天空

Firmament

驚嘆

満天の星空をふり仰ぐとき、心の底からわき上がる恍惚と畏怖の念から形而上学と科学の最初の命題が生じたのだとすれば、現代の光り輝く都市を目の前にしたときのわれわれの胸のときめきは、この太古の驚異の近似体験であると言えよう。マルホランド・ドライブの高みに立つと、眼下に広がるロサンゼルスの燦然と光り輝くグリッド。湾内レインボーブリッジから望む金銀砂子の絨毯に新高層ビルが華を添える不夜城東京のきらめき。これらは形而上的驚嘆と形而下的黙視がないまぜになった「この世に存在する」感覚を提供してくれる。[1]

都市のイルミネーションはオスマン時代のパリに端を発する。一九世紀の光り輝く都市、パリはアメリカ北西部の中枢都市とともに栄え、ロサンゼルスの光の絨毯、ラスベガスのストリップ通り、上海や香港をはじめとする中国太平洋岸の大都市、そして今日の日本とともに宵闇に燃え上がる。[2] 今や繁栄のサイクルは一巡し、大都会東京の夜空は赤みを帯びた光の天蓋のなかに没し、星々の輝きはすすけてしまった。天の川に寄せられた驚嘆の念はそ

1 この感覚はフランス人哲学者ピエール・アドが説く「高みからのまなざし」を要求するが、苛酷な社会関係を覆い隠すことはできない。ロサンゼルスのオープンショップ政策であれ、戦後日本の社会主義労組運動を抑圧した一連の厳しい労使紛争であれ、あるいはもっと時代が下り、一九八〇年代のバブル経済の末路であれ、また、戦後の日本式企業経営モデルの見直しで社会格差が広がった二一世紀初頭の小泉時代であれ、同じことが言える。
Hadot (Pierre): *La philosophie comme manière de vivre*, Albin Michel, 2001.

2 航空宇宙学研究の多くがロサンゼルスで始まったのは愉快な偶然である。

3 Morand (Paul): *New-York*, Flammarion 1981. (初版 1929)

こを離れ、煌々と照らされた都市へと向かう。飛行機が流れ星役を演じ、「月にはもはや台詞さえない」[3]。

光

季節の境目には、黄昏どきがパリに居座る。イル・ド・フランスの六月のいつ果てるとも知れぬ午後の終わりに、当地の石切場で彫りをほどこされ、運び出されてきた石灰岩でこしらえたファサードは、印象派のもやもやの空色に掻き乱された紺碧の下で黄金に染まる。そんな逢魔がときにリュクサンブール、アンヴァリッド、あるいはテュイルリーのいつものカフェテラスに腰掛けていると、心に平安が満ちてくる。このゆるやかな瞬間、この一切の「鉱物の傲慢さ」[4]から遠く離れた場所では、穏やかなフランス古典主義がその本領を発揮する。

東京はこれとは反対に、夜に照らされ変容する。昼間は傲慢な強い陽射し（繰り返し言うが、緯度は北アフリカと同じ）を避けたいところだが、公共スペースのない都市文化の習いで、無数にひしめきあうカフェが日陰の避難所を提供し、喜ばれている。陽光が燦々と降り注ぐパリのカフェテラスや、バロックミラーの壁が涼やかなローマのトラットリアと好対照である。店に入るということは、夜であれ、昼であれ、閉ざされたシェルターのような屋内を選ぶということである。ここは外界のエントロピーなどどこ吹く風、ビアマグをぶつけ合い乾杯する酔客たちの笑い声が聞こえない英国式パブの静けさで、馴染み客を迎え入れ、他所とは巧みに趣向を変えたコーヒーでもてなしてく

4 Gracq (Julien), chapitre 16 "Mythe", note 2. 本書16「神話」注2を参照。

5 だが、近年日本から台湾、韓国にも進出したドトールコーヒー、スターバックス、セガフレドのように規格化され、型にはめられたチェーン店の到来とともにカフェテラスが出現した。これら新手のカフェの居心地は悪くはないが、古参店の魅力を形成していたささやかな個性的タッチを見出すことはめったにない。

6 本書40「ゼロ」を参照。

れる。[5]

東京のカフェは、じつは夜の先駆けを演じているのだ。そして日が沈むやいなや、ネオンや蛍光灯が次々と増殖し、建物の造作や様式の差違をかき消していく。こうして現代都市は電飾のエンバーミングをほどこされ、その偶発性[6]はきれいに削ぎ落とされる。

夜明け

夜は東京にしばし居座るが、都市の躯体が再び姿を現し始める暁のころもまた、星々が蘇る特権的な時間である。下町を覆う紺碧色の空には、ヨーロッパの大都市中心部では誰も気づかない天頂の存在を認識できる。この地球の自転がつくり出す高遠な天蓋は、アメリカや日本のように極度に発達した都心のビジネス街に全ての高層ビルが集中し、それ以外の郊外《サバーバン》は水平のままである都市でしか見られない。[7] 当地の建築家はこの空の魅力を心得ている。慧眼の幾何学者よろしく、パティオや半透明の仕切り壁、そして時間に応じて青色あるいは墨色の空に向かって開く天窓を巧みに使い、あまりに近接した隣家との鉢合わせを避けている。

7 来る日も来る日も晴天が続く乾燥した長い冬、東京は魔法がかかったように美しくなる。そんな当地の空は、パリの狭い通りや通路に馴染んだ私にとって、妙に高く見えることがしばしばある。

ゼロ

Zéro

40

パチンコ[1]

一八世紀、女帝エカテリーナ二世の狡猾なご意見番、ポチョムキン元帥は、後に自らの名を冠して呼ばれることとなる造作物を発明、というか、でっちあげた。[2] 時代は下り、東京では、そのいとこにあたる「パチンコ建築」が元帥の発明品を凌ぐ大胆さで変容を遂げている。この手の建築は、ブロードウェイでも目にするし、ラスベガスならなおのこと、そしてインドから日本にいたるまで、アジア大都市の商業地区にも浸透している。ここ、アジアでは建築、舞台演出、標識、装飾は渾然一体化しているのだ。近代ヨーロッパの厳正で潔癖症のプロテスタンティズムも、書院造という日本の伝統的なミニマリズムも、この共生に異を唱えなかったというわけだ。[3] ただし、忘れるなかれ、世界中に喧伝された和の簡素さやミニマリズムとは性格を異にする伝統も日本にはしっかり存在していたことを。大坂と江戸の町人文化に由来する、あくどいまでに派手派手しい歌舞伎芝居、あるいは日本の武将たちの命で建てられた豪奢で重厚な建築物がその例だ。「バロック」が遠い昔から、すでに都市と芸術に根づいてい

1　パチンコはフリッパーコインの資本主義版いとこである。客は遊技場の入り口でまず金を払い、縦長の箱状のケースに詰まった玉を買い、そいつをいくつか空いた穴に誘導すべく、ハンドルを操る。玉が首尾よく穴に入るたびに、新たな玉を獲得し、原資を増やすことができる。腕のよい客は玉をじゃんじゃん稼ぎ、その積み上がった新たな資本を買いとってもらうことができるという仕組みである。こうした活動が日々繰り広げられているパチンコパーラーのファサードの機能は、フィリピンのバスやタイのトゥクトゥクと同じくただひとつ、着実に客引きをすることだ。外向的で金ぴか、極彩色の標識やネオンをしつらえたファサードは、夜になると巨大な光り輝く看板へと変容する。

たことは紛れもない事実である。

銀座にちらほら、六本木にもしかり、そして池袋、渋谷、新宿にとくに多く見られる、あらゆる様式の痕跡を拭い去った無印建築は、言ってみればロバート・ヴェンチューリが「装飾された小屋」と呼ぶ、急ごしらえの箱の亜種にすぎない。それらは簡単な金属性の骨組みの周りにセラミック、コーティング、塗料等で化粧した軽量セメント製パネルや窓ガラスを張りめぐらせたにすぎない。どの建物も一様にネオン、看板広告、電光表示、マルチスクリーン等で飾り立てられている、というよりも、むしろ表皮に刻み目を入れ、そこに植えつけられているというほうが適切だろう。[4] これらの様式もコンポジションもない「ゼロ度」建築は、ファサードのデザインの細かい設定や各部材のサイズを多少変えれば、いかようにも誤魔化《ごまか》しが効く。繁華街では、法に触れないかぎり、装飾がすべて。だから夜が来るとパチンコ効果がこれらの建物を変容させ、ビルと同じ数だけのシンデレラが出現する。ここでは公共スペースを支配するはずの力強い形態の代わりに過剰な記号が幅を利かせ、俗悪で、たがのはずれた「盛り場バロック」のにぎにぎしさが街の顔となる。[5]

2 民衆が何を求めているのかもっとよく知りたいと願う女帝は、ロシア辺境地の視察を敢行することとなった。そこで参議たちは、地方の村々の窮状が女帝の目に触れぬよう、行幸先の村々の幹線道路通り沿いに張りぼての村のファサードや、果ては偽の村までをもしつらえさせておいた。

3 書院様式、あるいは書院造とは、文字どおりに解釈すれば飾り棚、あるいは書棚の様式であり、中世日本（一二から一六世紀）に形成され、江戸時代にも続いたスタイルである。元来、この様式は禅僧の住まいの仕事部屋のためのものであったが、公家や武家の客間にも広まり、床面に段差を設けることで、客との身分関係を表した。この一九世紀中盤に生じた呼称は、畳、襖あるいは障子、格天井（装飾や絵がほどこされたものも多い）、つくり付けの棚で構成される簡素な建築の総称にまでしばしば拡大して用いられるようになった。

4 これらの光り輝く電飾看板の数々は、陣内秀信がいみじくも指摘したとおり、江戸の遊興地区の露店や店舗の軒先に増殖していた、ありとあらゆるバナー類の継承者である。

5 本書57「盛り場」を参照。

41 小屋

Abri

防御

原初の避難所、このテーマこそが建築の生みの親である。想像するに、ヒトは自然の危害から逃れ、生き延びるために、外界から隔絶して身を護ろうとしたに違いない。最初の人工建造物がいつ、どこで、いかなる経緯でつくられ、どんな形をしていたかは、いまだ定かではないし、おそらくさまざまであっただろうが、古代ローマ時代になるとエンジニア、ウィトルウィウスが、それは土壁に木の枝を入れて補強したものだっただろうと唱え始めた。一八世紀のフランス人神父ロージェは、かの有名な「原始の小屋」という概念を、数々の観察からの類推によって導き出した。次なる世紀の偉大な建築理論家たちは皆、独自の発祥論を提唱した。それらの唯一の共通点がこの小屋であり、いずれもモノとモノとを組み合わせ、組み立て、一定の構造を与え、敵対的な自然から身を護るという複合的意図が渾然一体化したものである。

感情移入

ひとりの歌人とひとりの詩人がいた。かたや一二世紀の日本人、鴨長明。かたや一九世紀中盤のア

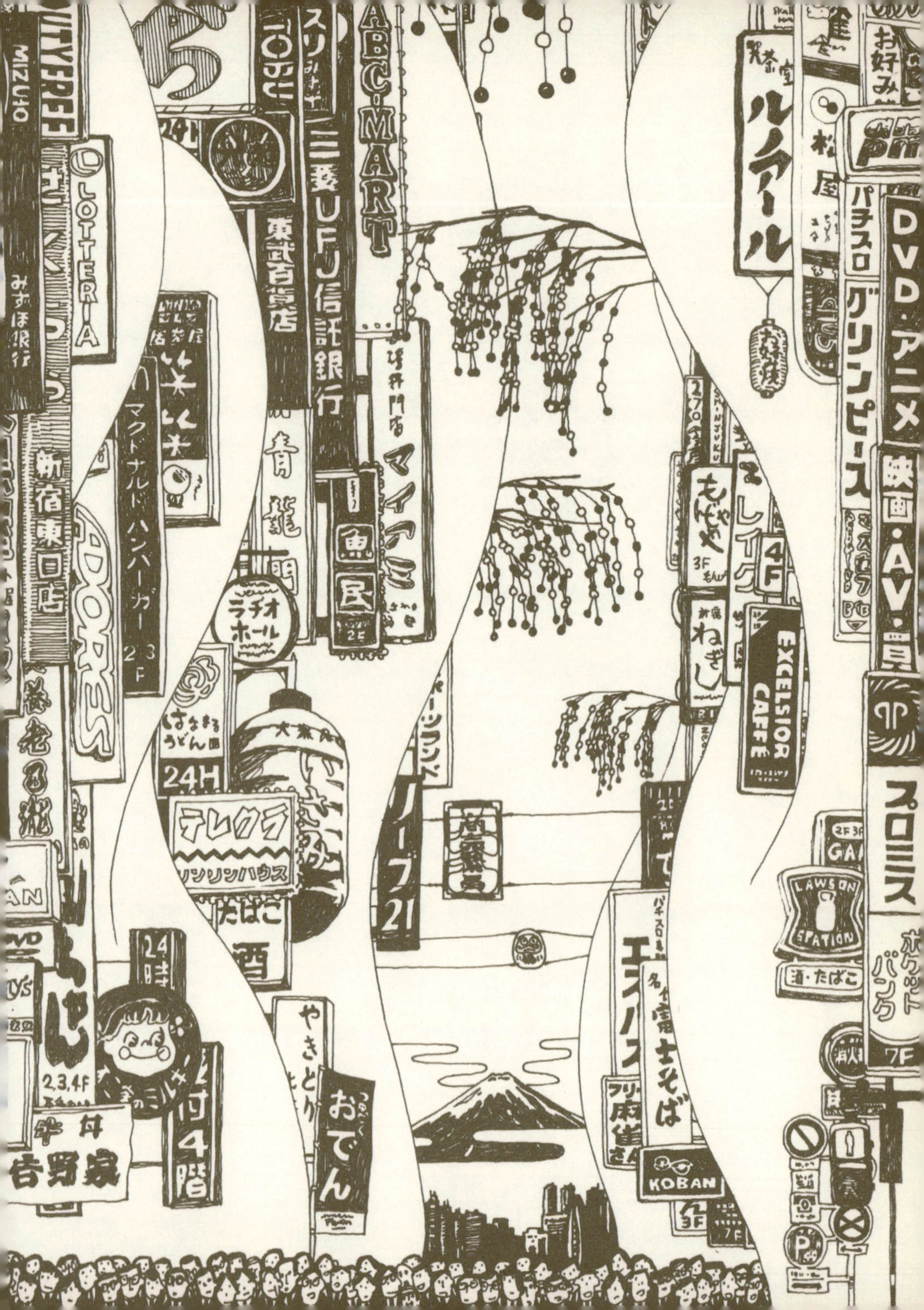
ABC-MART
三菱UFJ信託銀行
東武百貨店
LOTTERIA
MIZUHO
みずほ銀行
新宿東口店
マクドナルドハンバーガー
2 3 F
ラヂオホール
24H
テレクラ
リンリンハウス
たばこ
酒
24時
2.3.4F
牛丼
吉野家
4階
やきとり
おでん
魚民
2F
マイアミ
ルノアール
松屋
パチスロ
グリンピース
DVD・アニメ
映画・AV・
もんじゃ
3F
4F
ねぎし
EXCELSIOR CAFFE
プロミス
LAWSON STATION
酒・たばこ
ポケットバンク
7F
富士そば
麻雀
KOBAN
3F

STARBUCKS COFFEE
P 本館パーキング
P 24H
二井住友銀行
大和証券
SoftBank
サイゼリヤ 2F
ELEVEN
回転すし
クスリの龍生堂薬局
THE SUIT COMPANY
BEAMS
無印良品
薬
アコム
docomo
SUNPARK
トラノコ
ホッピー
虎の子
思い出の抜け道
新宿センター街
SINCE 1951
FamilyMart
天狗 3F
和民 2F
au
1F
郵便局
¥200
コインロッカー
無料案内所
やきとり
40分 P
パーキングチケット
2F

メリカ人、ヘンリー・デイヴィッド・ソロー。彼らはまるで違う筋書きを試みる。すなわち、原始人とは正反対に、小屋とは、自然や宇宙と協調する、あるいはそれらに感情移入する関係を示している。ひとりは京の都に程近い山間に結んだ庵で隠遁生活を送り[1]、もうひとりはマサチューセッツ州コンコード近郊の緑したたるウォールデン湖畔の小屋に暮らした[2]。ふたりとも湿った森から与えられる啓示に耽溺した。日本の隠者は平安末期の騒乱の世から逃れ、アメリカの超越論的哲学者にしてエコロジストの先駆けは、人間と新世界とが奏でるハーモニーを台無しにする工業化を疎んじた。この己と社会との関係、今という瞬間の礼賛、永遠の運動と変化という思想は、不思議なことに何世紀も隔たって通じ合っている。鴨長明の有名な「ゆく河の流れは絶えずして、しかももとの水にあらず」のくだりは、ウォールデン湖を詠ったアメリカ人の、やはりこちらも水に託したメタファーと照応している「おそらく幾多の民族がつぎつぎとこの湖の水を飲み、感嘆し、深さを測り、そして消滅していったのだ。いまもその水はむかしと変わらず緑色に澄んだままである。湧いたり涸れたりする泉ではないのだ！」[3]

1 鴨長明著、市古貞次校注『方丈記』（岩波文庫、一九八九年［原書は一二一二年］）
2 H・D・ソロー著、飯田実訳『森の生活』（岩波文庫、一九九五年［原書は1854］）
3 やや知名度は下がるが二六世紀前の古代ギリシャ哲学者ヘラクレイトスの「人は同じ川で二度水浴しない」という名言も挙げられる。

距離

こうして、ともに自然に感情移入をしながらも、両者には根本的に異なる点がひとつある。日本の庵を想像するに、仏教の禁欲主義を反映した軽く華奢なつくりで、外界に向かって大きく開かれていたであろうが、ソローの小屋は、むしろ毛皮用の野生動物を罠で捕えて生計を立てているカナダのトラッパーたちの小屋に近いに違いなく、危険な動物や寒気から身を護るべく、窓はほんの申し訳程度のちっぽけなものが開いているにすぎないだろう。だから、それはますます、ある有名な小屋に似てくるのだ。ル・コルビュジエがカップ・マルタンに建てた木造の小さな小さな休暇小屋。この、もうひとりの禁欲者は、広大な海洋パノラマに向けられたカメラの対物レンズさながらのこじんまりした窓に切りとられた空と地中海の青と向かい合って座っていた。このフランス系スイス人建築家は、京都で桂離宮を訪れたが、当地のクリエーターには壁づくりの資質が欠けていた、といった曖昧なコメントを残すのみであった。[4] 三人の男は皆、流刑地同然の暮らしをしながらも、じつのところ西洋人のほうは、人間と外界のカオスとの間に堅牢で閉鎖的な小屋を建てることで、歴然とした距離を保っていた。[5]

4 ル・コルビュジエが弟子の吉阪隆正に述べた意見を岡部憲明が引用したもの。岡部憲明著「地中海の小屋」から、『ル・コルビュジエと日本』（鹿島出版会、一九九九年）所収。

5 この自然に感情移入するという姿勢は、日本ではまだ社会のひと握りのエリート的行為である。日本でしばしば環境がないがしろにされている様を見て、ヨーロッパ人が驚くのには、このような理由がある。

遊牧

ふたりの隠者にとって、京都、ボストンという大都市は、嫌悪感をもよおす人工的な現象の表象である。今日、この都市と自然との対立といった考えが見直されている。伊東豊雄や妹島和世といった汎アジア的な発想を持つ現代の建築家たちは、アジアの影響を再評価し、軽やかな建築を都市向けに提案している。伊東は都会の遊牧民たちに小屋を、妹島はヤングアーバンたちに、モンゴル人のユルトから着想したテント、一種のぶかぶかの衣服のような包（パオ）を提案した。建築はとうとう一枚の衣服となってしまった。これは究極の避難所である。そして視点の逆転により、超巨大都市がひとつの新たな自然となり、情報と娯楽の流れる一本の河になる。そこは安全で、便利で、つねに変動しており、都会人はそこにどっぷり浸かって暮らしている。おびただしい数の「場」を孕みつつ絶えず膨張し、いく度もの破壊から再生し、匿名性を担保し続ける東京は、ありとあらゆる隠れ家を提供する。そこに流れる「東京水」は絶えずして、しかももとの水ではないのである。

42 境界
Limites

そこまで……

東京の実利主義と集中ぶりは、四五〇〇年も前にインダス川の谷間に真っ先に形成されたモヘンジョダロやハラッパ等、アジア古代文明の都市から受け継いだ遺産だろうか？[1] そうした街は産業が栄え、過密で、息苦しいまでにごった返していた。アメリカ、ロシア、中国の大都市が、そのスケールの膨大さによって、ありあまる空間の概念そのものの実例を示しているのに対し、東京は境界と空間の欠如の強迫観念に囚われている。[2] この空間が乏しい（と思い込んでいる）文化は、細部の完璧さへと昇華する。そのためとあらば、全体の構成を犠牲にしてもかまわない。なぜなら全体は細部の積み重ねとみなされるから。最も風変わりな建築から簡素な坪庭にいたるまで、すべてが欠如の実例である。これは狭小庭園の植物の手入れにほとんど偏執狂的に心血を注ぐ様からも確認できる。これら市民の小作品は、彼らの家の前を飾っている。おびただしい数の植木鉢と汚れた発泡スチロール製の

kinko's
GUESS
NEC
MIKI
エステティック
TBC
アルバイト情報マガジン
an

魚のトロ箱を再利用したプランターを歩道いっぱいにせり出させ、ところ狭しと陳列するのである。いずれも隣人のことなどまったくおかまいなしだが、ぴったりくっつき合った隣家との違いを一応は尊重し、ごった返しのなかにも不思議な秩序が見られる。空間の逼迫のせいで、ときとして隣人関係がささくれ立つこともある。家を新築する際、塀の種類や厚みについて、あるいは無断で境界標を打ち込んだり、位置をほんのわずかでも、うっかりずらしたりしようものなら、たちまち隣家からきついお小言を頂戴する羽目になるだろう。第一に、地価がたいそう高いので、一平方センチメートルでも失おうものならたいへんである。第二に、所有地は数少ない自己主張の場であるから、他人には指一本触れさせてはならないのである。[3]

1 クロード・レヴィ＝ストロース著、川田順造訳『悲しき熱帯』(中公クラシックス、二〇〇一年［原書は1955］)
現在のパキスタンでこれら古代都市の遺跡を訪れたレヴィ＝ストロースは、現代アジアのなかに見られる過密な都市性の遠い原点をこの地に見出した印象を受けたと語っている。

2 東京二三区の平均人口密度はパリの二分の一であり、そのパリの住民でさえ、都市にスペースが足りないとはけして思っていない。したがって、この強迫観念はある意味、文化的な先入観である。

3 日本の民法は所有権を何人に対しても妨害を受けることなく主張し得る権利であるとはっきり認めている。公共の利益の名の下の土地区画整理手続きに対抗するため、個人がこの規定を主張し、しばしば勝利を収めている。

どこまでも…

「当地で、人間あるいは物を大切にしたかったら、そいつに空間を与えてやるがいい」[4]。この空間の贅沢は、スカンジナビアでの日光のありがたさに通ずるものがある。公共の場で、人間たちは向日葵よろしく立ち止まり、座り、寝そべっては、逃げ足の速い夏の陽の光をあますところなく浴びつくそうとする。東京では、空間というか、むしろ建物と建物の間の空虚、折れ目、層、隙間、自然のポケットという形で空間を享受する。たとえば密に織られたアーバンファブリックのなかにばらまかれ、紛れ込ませてあるポケットパークのように。[5]

数々の空間演出術も境界の消失にひと役買い、知覚を惑わす。場所の寸法、形態、地形、植樹の種類に加え、借景が近景の貧しさを覆い隠してくれることもある。上野公園、代々木公園、砧公園、青山墓地の樹木の茂った丘が、ロンドンの大型公園やニューヨークのセントラルパーク、あるいはオスマン時代のフランスにつくられた広々とした公園を思い出させずにはいられないのに対し、これらとは別の、意外な変化型も存在する。明治神宮の鬱蒼とした樹林。これは、神社によく見られる、周囲の喧噪からの隔絶装置であり、近接する原宿、新宿、代々木の群衆に不思議な森の静寂の極みを提供する。[6] 日比谷公園の広々とした芝生の平面は皇居の手前に大きく張り出し、代役を務める。その帝の宮殿は、巨大な濠に囲まれた森の奥座敷に身を隠している。一方、庶民の荒川、多摩川、江戸川の草の生えた岸辺に沿ってどこまでも続く二本の堤の平行線も無限への序章である。

4 Bouvier (Nicolas): *Le vide et le plein*, Editions Hoëbeke, 2004.

5 ポケットパークは一から三区画程度の極小サイズの四角い公園で、しばしば木が植わっており、子供の遊具やベンチがそなわっている。この四角い形態は、いわゆる「歯抜け」を埋めるためか、あるいは大規模な都市計画に義務づけられる屋外スペースに由来している。フィラデルフィアは、狭い区画の都市計画により、こうした小スペースを最初に試した都市のひとつである。

6 この劇的変化が起ったような印象とかなりよく似た体験を、カイロやイスタンブールの大型モスクの入口へといざなう静かな中庭に入ったときに味わうことができる。

周期

こうした風景の仕掛けに時の次元が寄り添う。季節のめぐりと不易の花ごよみ。睦月から卯月までは梅、桃、桜の白や薄紅色、水無月から文月までは紫陽花の青、霜月は楓の血赤と銀杏の黄金色、師走から睦月にかけては、葉を落とした枝にぽつんと残された柿の実の橙色。東京の都市空間のいたるところで、卯月になると桜の花が、ぼうっと霞む薄命の天蓋をどこまでも果てしなく拡げ、雪と見紛うばかりである。秋、楓の葉が色づき、その紅蓮の炎が陽当たりのよい山の斜面をすっかり舐めつくしてしまうように、街中におしろいの粉のような桜の花霞が掛かり、他の樹木は閉め出されてしまったかのようである。

春爛漫とは言え、まだ肌寒い宵に、野外で毎年恒例の群衆のどんちゃん騒ぎが催される。東京人は無数の群れに分かれ、公園という公園、緑道、寺や神社の境内はおろか、通路にまで繰り出す。彼らに先立って、早朝、陣取り役がかぎられたスペースをビニール製のブルーシートで覆い、場所を確保しておくのだ。夕方になるとたちまち、人びとが雲霞のごとく押し寄せ、そこに座るので、青色の表層は見えなくなる。つまみ片手に陽気に杯を傾ける彼らの頭上には、点描画のような桜の花の白い綿紗《ガーゼ》がどこまでも掛かっている。五月の初夏の陽気から神無月の小春日和にいたるまでも、日曜ピクニックの好機であり、荒川、多摩川、江戸川の半ば整備された広々とした堤防は、カップルや列をなした若者たちでにぎわう。無邪気に土手を転げ回る少年少女らの心なごむ光景の上には、サハラ砂漠のような高い空がどこまでも広がっている。

ユビキタス 43

Ubiquité

ヴェンチューリ事件

アメリカ人建築家ロバート・ヴェンチューリは東京で行った講演会で、まるで当たり前のように、「こんな都市には住めない」と言い放った。[1] ラスベガスのストリップ通りとアメリカン・ポップカルチャーの伝道師が日本の首都をつかまえて、自分の里と同じ性質[2]にケチをつけるのは道理に合わない気がしたが、この無遠慮な毒舌からは「アメリカこそ文化の中心」、といった意識が透けて見えてくる。そして、そのさらに奥底からは、またしても「都市とはかくあるべし」といった先入観の臭気が漂ってくる。

1 一九九三年、東京大学で行われたルイス・カーンに関する講演会でのロバート・ヴェンチューリの発言。東京で多くの建物を手がけた建築家、ピーター・アイゼンマンも、ヴェンチューリよりも先に同様のコメントを残している。

2 庶民的でにぎやかな商業地区、あるいは駅前地区を中心に一戸建て住宅がびっしりと建ち並ぶ郊外。

ネットワーク

東京は、それを「住めない空間」と言ったヴェンチューリの目には、おそらく滑稽なまでの窮屈さと渋滞の神髄のように映ったことだろう。だが、都市は混み合い、建築は明らかに調和を欠いている、と指摘したのは、彼の都市観がある意味アメリカナイズされているせいもある。ゲットー[3]と自動車の街ロサンゼルスとは違い、東京では一般道路、高速道路、鉄道、地下鉄といった具合に交通インフラが包括的に整い、ネットワーク間の連絡もよく、他の追随を許さないほど効率的に機能している。[4]

類型

ヴェンチューリの発言をくつがえすネットワークはまだまだある。それらはいく度も繰り返しばらまかれたため、あまねく存在するユビキタスとなった。二四時間営業のコンビニチェーン、一〇〇円駐車場、そして学校や団地等、自動車産業に匹敵するほどの量産体制にもとづき建設された公共施設群。自宅周辺のセブンイレブン、ファミリーマート、サンクス等のコンビニ、あるいはデニーズ、吉野家、マクドナルドといったファーストフード店を知らない東京人がいるだろうか。戦後、地球規模で進んだ近代化の無粋な産物にして、当時の日本の生産力の証であった「団地」、あるいはアーバンファブリックのなかに大量に増殖していった小学校、中学校、高校のコンクリート製校舎のクローンを見かけたことがない人はいるだろうか。

たとえば小学校は、「時間無い」、「空間無い」、「金無い」の三拍子揃った不毛な事業方式の結実であり、これは戦後ベビーブームの物資不足と人口爆発が強いた、型にはまった窮屈な機能性の不毛さに通ずるものがある。直角定規型の校舎は、地面を突き固めた四角い運動場の二辺を縁取り、付帯施設として、校舎とは別棟の正六面体の体育館が運動場の第三辺に沿って建つ。こうしてＬ字型はコの字型になった。校舎はどれも一本の棒状の画一的な形で、三階建て、あるいは四階建てである。コンクリートに

3 ゲットーとは、もともとはユダヤ人を強制的に集めて住まわせる地区のことを指したが、現在では一定の属性（民族、社会階級等）を持つ人びとが集まって暮らす地区のことを指す。

4 シンガポールも規模こそ小さいが、すばらしい都市交通網を備えている。

無難で保護者面をしたベージュ色のペンキが塗られ、教室の窓ガラスは、各階の柱から柱までの一定間隔に短いベルト状に繰り返し張りめぐらされている。この味も素っ気もない建築の要約形が日本列島の街という街にばらまかれ、残念なことに目の教育に役立っている。それは建築としては面白くないが、都市論的には存外興味深い。東京に無数にばらまかれたこれらの施設は、社会主義国家並みの量産体制で次から次へと複製され、広がっていったため、狭小スペースに肩寄せ合って暮らす都会人の住まいの閉塞感から逃れ、とうとうと流れる水のように、あるいは、棚引く桜の花霞や紅葉の緋毛氈のごとく無限性を帯びてくる。

ヴェンチューリにはあいにくだが、われわれはたしかにこの都市に暮らしており、閉塞と不足の観念には豊かな社会慣習、都会のオアシス、そして例のユビキタスも寄り添い、地平を拡げている。[5] 自ら東京人となった私には、逆にドイツ、オランダ、イギリスの都市が、まるでペストに征服された後のように空っぽに思え、ときとして不安を覚えたものである。かくして視点は変遷する。

5　社会慣習については本書42「境界」、空間の形態については45「河川敷」、57「盛り場」、62「屋上」を参照。

44 都心 Centres

矛盾撞着

ロラン・バルトの有名な言葉とは裏腹に、東京の中心は空っぽなわけではない。そこは明治以来、天皇の住まいである。「議会制君主国家」日本の「空虚」な人物、天皇は、日々盛んに繰り広げられる政治ゲームからは身を引き、国体の維持を保証する象徴的役割を演じるのみである。東京のど真ん中にめぐらせた濠と長大な城壁、その厳めしさを和らげる鬱蒼とした木々の枝。そんな仮面の裏側は、君主の居所としては完璧な舞台装置、「不在の存在」の矛盾撞着だ。この中心は、そこの住人の君主権ほど空虚ではなく、物理的には確かに存在する。その証拠に、それを迂回する道路が形態を浮かび上がらせている。

旧城壁跡を走る六本の同心円の環状大通りに囲まれた北京の紫禁城。それはもはや皇帝の住まいではなく、観光客に供された壮大なモニュメントにすぎない。この紫禁城ほど幾何学的形態ははっきりしていないものの、東京にも相似形の道路群が存在する。東京をめぐる環状道路は全部で八本。その出発点は形態的にも象徴的にも旧江戸城の濠と符合しており、ここが暗に中心とされている場所である。これにちなんで一本目の環状道路はずばり「内堀通り」と命名されている。これらの道路群もまた曖昧である。その輪郭は定かではなく、ときとして揺らぎ、多少は足並みを揃え並進してはいるものの、その同心円状になろうとする意志は、東側を山手線のバリアに阻まれ、かつ、東京湾によって容赦なく切り取られ、早くも二本目の道路から頓挫している。[1]

上書き

環状システムに巨大な放射状システムが合体する。これらの通りは江戸城の間近に端を発し、名前を得て、都心から周辺部へと遠ざかるにつれ、日本の国策道路としての宿命を負わされ、江戸時代の街道名と国道の番号で呼ばれる。方位盤の北東から南に向かって順に、江戸通り(これは水戸街道、別名国道六号線となる)、昭和通り(日光街道、別名国道四号線、日本最長の国道)、本郷通り(中山道、別名国道一七号線)、新宿通り(甲州街道、別名国道二〇号線)青山通り(玉川通り、厚木街道、または大山街道、別名国道二四六号線)、中央通り(東海道または第一京浜、横浜までは別名国道一五号線、以後、京都までは国道一号線)等々。しかしこれらの放射状の道路は、城とは別のもうひとつの中心点に収斂している。それは日本橋である。ここは「江戸から何里」という起点になった場所で、現在道路元標が設置されている。この日本と東京のゼロ点、すなわち真の中心は、今やその頭上に覆い被さる高速道路にほとんどかき消されたも同然だ。

六〇年代初め、各種道路インフラと旧水上交通網を覆うように実用性第一の無粋な首都高速道路網が接ぎ木されたのである。

1 環状道路の形成が東側で阻まれる問題は、近年、これを延長しようとする海底トンネルの建設により徐々に解消されつつある。

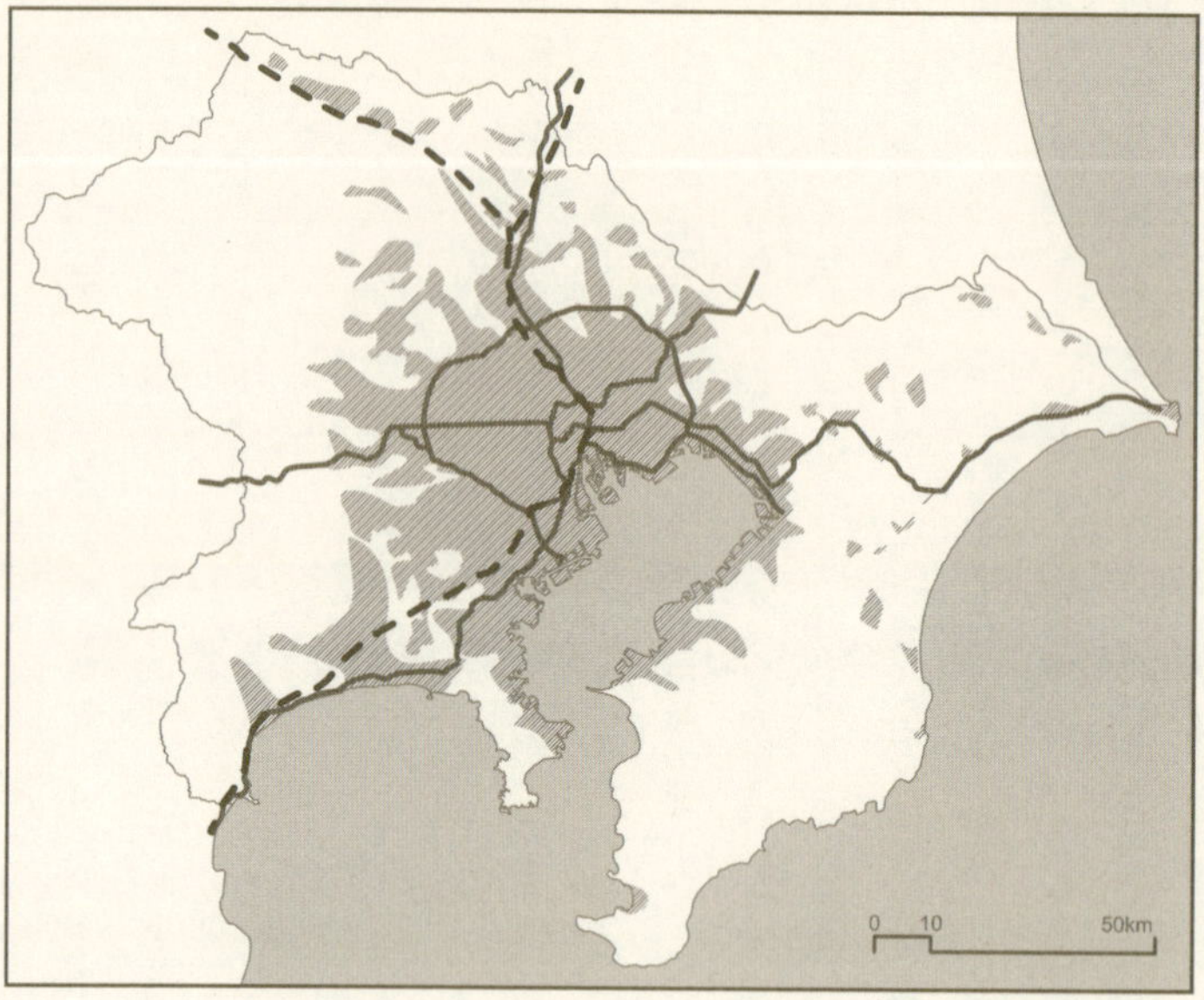

Trains Shinkansen
Shinkansen Trains
新幹線

Trains JR
JR Trains
主要 JR 線

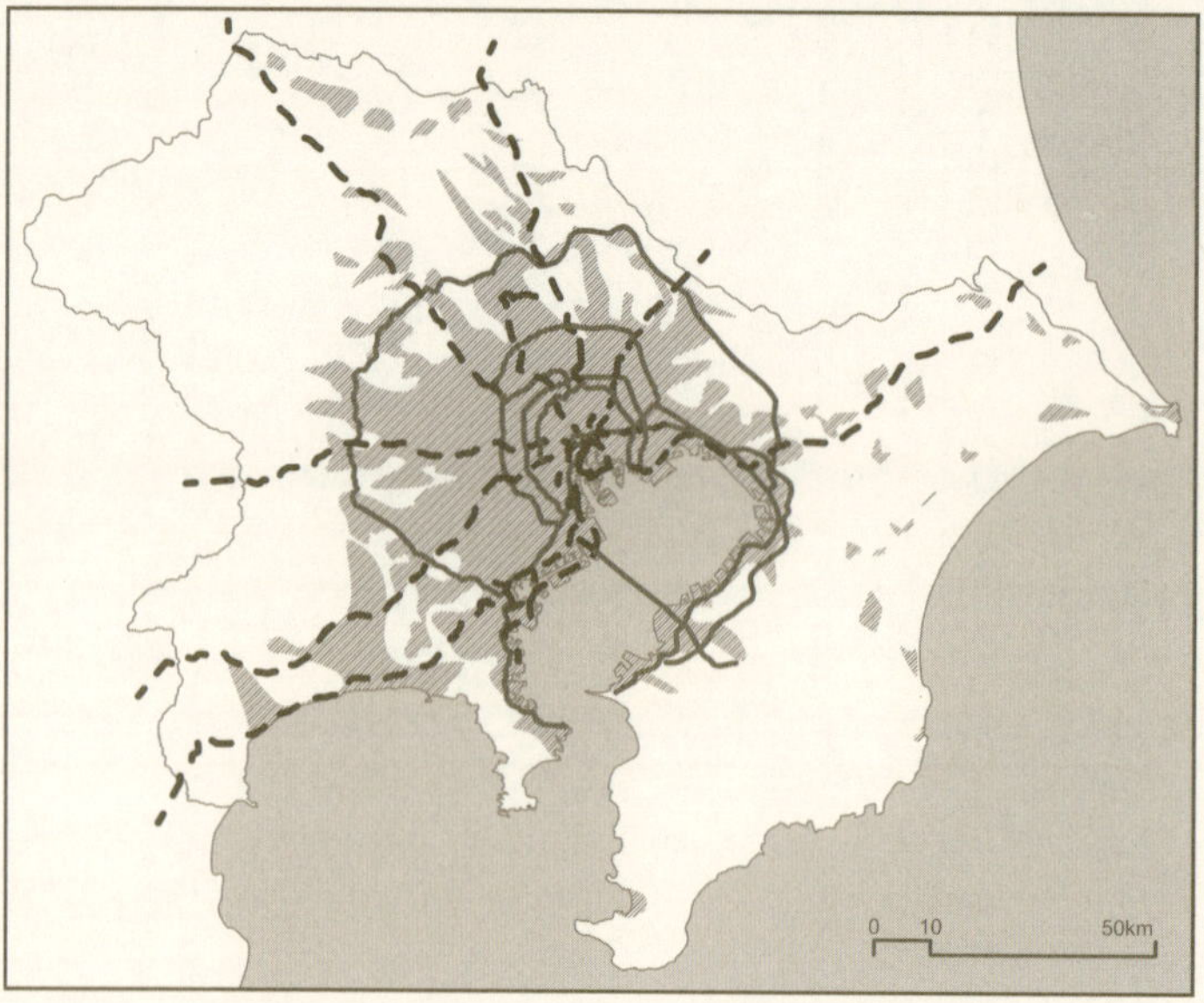

Voies radiales
Radial Roads
放射線

Voies circulaires
Ring Roads
環状線

数珠

地上と地下の鉄道網のきわめて利便性の高いネットワーク。それを構成する山手線の形態は円というよりズッキーニを連想させる。どこまでも外側に向かって延びる放射状の路線は、まず、この山手線の環の上に並ぶ駅の数珠にぶつかる。この環を横断し、接続、延長する路線網がびっしりと密に織られている。これらすべてが巨大なウェブを形成し、ほとんど同じものの繰り返しのような冗長な塊に育ったのが東京である。[2] しかしここで着目したいのは、別種のクローン、すなわち都心のクローン形成である。この数珠の六つの主要駅、渋谷、新宿、池袋、上野、東京、品川は相互間を連絡する複数の線が交差し、毎日一五〇万から四四〇万人の乗降客が利用する、まさに東京の交通の要衝を形成している。[3]

2 大野秀敏編著『シュリンキング・ニッポン——縮小する都市の未来戦略』(鹿島出版会、二〇〇八年)
著者が念を押すように、利便性の高い密度で形成された交通網においては、ある地点から目的地にいたるのに、時間の点でも、コストの点でも、あまり差のない複数の経路を選べることが多い。

3 本書57「盛り場」を参照。

45 河川敷

Berges

エコロジー

一九七〇年代の初め、英国人建築史家レイナー・バンハムは、ロサンゼルスに世界的な都市が行き着くひとつの将来像を描いた。[1]この都市はバンハムに言わせれば、壮大な建築の実験場であり、四つのエコロジー（生態系）を実現している。海岸沿いの街、「サーファービア」[2]、山脈の裾野に広がる丘陵地帯、アメリカ式都市グリッドが展開する平地、そして車社会「オートピア」。世界的使命を担うもうひとつの都市、東京には右の四つのエコロジーのうち、三つしかない。都心からはるか東方、千葉県の太平洋を臨む外房サーファービア、[3]下町のグリッドの断片、一九六〇年代半ばに旧水上交通網と幹線道路に覆い被さる形で空中に繁茂していった高速道路と道連れのオートピア。だが、この最後のエコロジーはカリフォルニアのそれとは性格を異にする。自動車産業の成長を先取りして生まれたが、一九六四年の東京オリンピックを機に日本の再生と近代化を世界に向かって誇示したいという願いが込められていた。もうひとつの重要な相違、それは高速道路がロスのように車一辺倒の排他的システムを構成するにはほど遠く、鉄道・地下鉄網の触手と重なり合っているという点である。この鉄道インフラがロサンゼルスとそのゲットーには欠けている都市全体のまとまりを保証している。

1 Banham (Reyner): *Los Angeles, The Architecture of Four Ecologies*, University of California Press, 1971.

2 パリ市が数年前から取り組む「パリ・プラージュ（ビーチ）作戦」は、セーヌ河川敷の歩道 Av にダンプカーで運んできた大量の砂を敷き、夏の間だけ散歩者に砂浜を提供しようという趣向の事業である。これはロサンゼルスでバンハムが垣間みた都市とビーチとの相互浸透作用と遠戚関係にあると言えないだろうか？

3 本書12「三幅対の画」注2を参照。

緑と青

東京にはかつて、もうふたつの巨大なエコロジーの階層があった。今やその廃墟が残るのみの山手の緑の丘と下町の水路である。広大な武家屋敷が丘の上の街道沿いに線状に広がっていき、山水を模した庭園のなかに屋敷がぽつりぽつりぽつりとたたずむ舞台装置のなかに、一九世紀末まで巨大な緑の都市が描き出されていた。現在の山手地区はこれの名残である。一方、水の都、江戸の名残にはめったにお目にかかれない。運河や堀の多くは埋め立てられ、川は暗渠にされたり、矮小化されたり、高速道路で覆われたりして不遇をかこっている。青き都市は閉め出された。江戸湾沿いの下町はかつて、中国の蘇州よりも「東洋のベニス」の異名をとるにふさわしかった。今日、渋谷川は、その往年の姿などまったく知らぬビル群の背後のコンクリートに刻まれた溝のなかに細々と命をつなぐ、湿った廃墟になり果てた。神田川はお茶の水で切り立った法面に挟まれ、橋からの眺めに供されるのみの存在となる。それはいく層にも折り重なった線路のミルフィーユのバロックな断面図であり、イタリア人建築家サンテリアの未来都市を彷彿とさせる予見的デザインを現出させている。それに比べて目黒川は桜並木のアイラインでくっきり強調され、流れに沿ってそぞろ歩きもできないこともないが、増水に備えてコンクリートの高い壁に挟まれていることには変わりない。都市を引き裂く隅田川の広い割れ目も、両岸をコンクリートで押さえつけられている。一方、周辺部を流れる三本の河川、西の多摩川、東の荒川と江戸川は例外的存在で、東京をゆるやかに包囲し、右に紹介したものとはまた違った一大エコロジーを確立させている。

岸辺

この三本の川に沿って描き出されるエコロジーはいかにも東京らしい。多くの大都市で、河川は都会という舞台を演出する大道具として役立っている。パリのセーヌ川、サンクトペテルブルクのネヴァ川、近年注目のロッテルダムのマース川、ロンドン、そしてごく小規模ながらもグリニッジのテムズ川、ワシントンのポトマック、上海バンドの前を流れる黄浦江。川原も部分的に整備され、サイクリングコースやトロントのオンタリオ湖岸のように緑化スペースになったり、あるいは逆にローマのテヴェレ川の両岸のようにとくにこれといった整備もされずに、忘れ去られていたりする。だが、これらの都市とは違い、ここ、東京の川は狭く長く、多摩川の場合は、流れが弱く、渇水位は情けないほど低いので船で航行さえできない。氾濫原は固められていない。緑の草の生えた、のどかで広々とした原っぱに運動場、砕石を敷き詰めた駐車場、植え込み、樹木が点在し、散策者や自転車乗りのための土のコースがめぐらせてある。土で築いた高い堤防が川の両岸を縁どり、都市と川とを分け隔て、右に紹介したような都市の舞台効果をことごとく頓挫させている。[4]

　これらの河川敷は東京独特の、都会らしからぬ空間を形成している。山水を模した庭園もなければ、整備もほとんどされていない。あるものといえば、ベニヤ板でこしらえた仮営業のケチ臭い飲食店や、香り高い仮設トイレばかり。こいつはまるでどこにでもある道標か、挑発のしるしの中指のように宙に向かってぴんと突っ立っている。それから、当地に居ついてしまったホームレスの建てた小屋もある。こいつは青いビニールシートの覆いの下に左甚五郎ばりの匠の片鱗をのぞかせている。こうした細長い川原には心なごませる空気が漂う。大勢の若者がやってきては弁当をひろげたり、煙をモクモク立ててバーベキューを焼いたり、音楽を演奏したり、じっと聴き入ったり、水辺をバシャバシャと歩いたり、釣り竿やすくい網で漁をしたり、サッカー、野球、ラグビーに興じたり、ジョギングに汗を流したり、自転車に乗ったり、夏祭りの夜空に乾いた破裂音を轟かせる花火に感嘆の声を上げたり……。競技場や公園を備え、東京の混雑から解放された最大かつ唯一の空間だ。[5] 堤

4 東京の河川敷と似た水辺の風景がある他の都市と言えば、日本では大阪や名古屋、アジアではソウルや台北しか私は知らない。

5 河川敷は大規模な地震や火災が発生した場合、緊急待避所としても利用される。

6 ラブホテルは、恋人たちが狭くて窮屈な住まいから逃れ、しばし親密な戯れのときを過ごすために利用される。だが、西洋のみすぼらしい連れ込み宿とは違い、性的なテーマを劇場化している。陸に乗り上げた客船や、眠れる森の美女の城といった奇想天外な建築、そして裸体の歌舞伎におあつらえの寝室の内装は、そのあけすけの陽気さで、この文明社会に助平なはけ口を提供する。日本社会が解放されても、これらの淫らなホテルは生き延びたが、かつての隆盛は失われた。今日に命脈をつなぐこの大一族の末裔は、つつましやかな外見でカマトトを装っている。

防のギロチンの刃を挟んで都市と並走する広大な河川敷は、さだめしラブホテルの原っぱ版といったところだろう。[6] 曖昧でありながら、（堤で）仕切られた息抜きの空間、半端ながらも一応文明社会には属した領域であり、そこでの行為は条例等によって規制されてはいるものの、その縛りのなかでも自由を提案している。この社会から逸脱した装置は、江戸下町、大川端に形成された盛り場の放埒な末裔であり、「線形の保養地」という新しいパラダイムの枠組みのなかに入れられている。[7]

7 厳格な明治政府に禁じられるまで、江戸下町の神田川や隅田川とそこにかかる橋（とくに柳橋、両国橋）のたもとに形成された盛り場と堤、そして渡し船で結ばれたその対岸にまだのどかな風景が広がる向島、これらすべてをひっくるめた界隈は、吉原の遊郭や、その後継地、新吉原の遊郭が置かれた浅草と近いこともあり、御法度の遊興にうってつけの地であり、幕府の検閲を尻目にその役割をしっかり果たしていた。江戸湾で船に乗り、隅田川を遡るのは、愛の女神アフロディーテの住むシテール島への船出と同じだったのである。

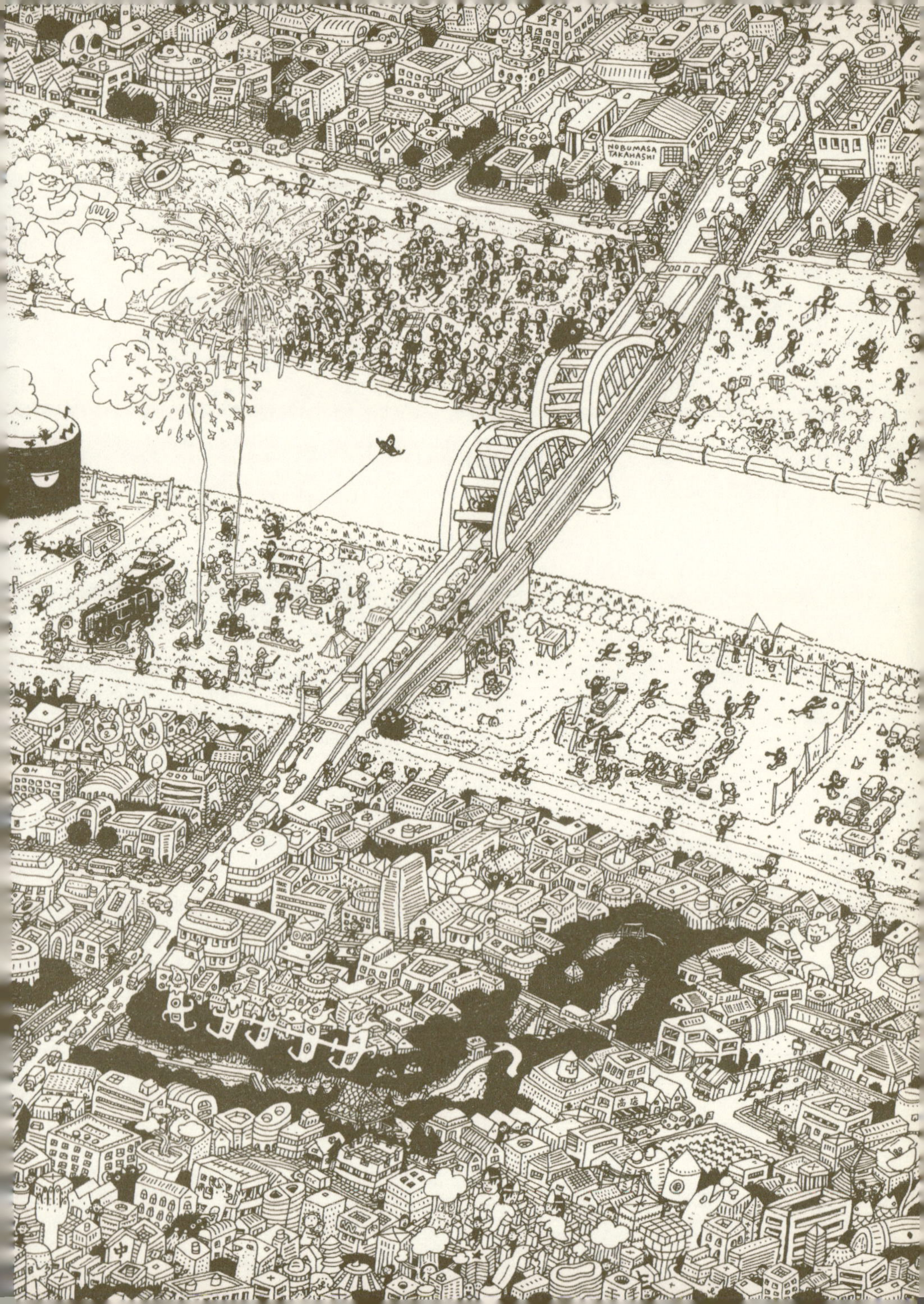
NOBUMASA
TAKAHASHI
2011.

46 渓谷

Combes

特権階級の私有地

東京と西欧諸国の大都市のうちで最も「緑」の都市はどこか、という微妙な論戦を歴史家や都市計画家たちは繰り広げてきた。ヨーロッパ都市におなじみの公園、広場（スクエア）、並木道に相当するものは、もともと東京にはなく、一九世紀末、にわかに起こった西洋化の流れとともに輸入された歴史の浅い、しかも数の上でも少ない緑地である。だが、昔の山手とその西方の武家屋敷街は、別のやりかたで緑の都市となる希望をつないでいた。

二〇世紀初頭の西洋の某観察者は、住民ひとりあたりの緑地面積の日本式計算方法を、私有地の庭と公共の緑地とを一緒くたにしていると批判した。一方、陣内秀信はヨーロッパの都市組成を高密度で無機質とみなし、有機的な江戸の街の対極に置いた。いずれも私に言わせれば、着眼点と計算方法が違うにすぎない。問題の核心は日本の都市空間の本質そのものにある。たとえば、日本では公私、官民の関係が具体的にどのような形で発現するのか、あるいは、この国の都市と自然との関係はどうなっているかを検証する必要がある。

丘陵に有機的に広がる江戸の山手は、おそらく世界最大の緑の都市だった。しかし、庭園のなかに屋敷が点在するという複合的な舞台装置を構成していた広大な武家の私有地（幕府からの拝領地および自ら取得した土地）は土壁で囲い込まれ、それとは反対の存在と目される公共スペースの道路とは隔絶されていた。この道路は両側に武家屋敷の土壁がそそり立ち、厳めしく硬直化した通廊（コリドー＝囲われた通路）と呼ぶにふさわしかった。この細胞状の都市構造は、たとえ壁の多くがフェンスのように透けた素材に変わっても生き残っている。[2] 東京の西部は近年の都市開発によって密度を増しているが、いまだに牧歌的な雰囲気の農地が多数点在し、ヨーロッパ中世都市の町はずれを彷彿とさせる。一七世紀半ば以降過密化した下町には、明確に演出された公共スペースがない。だが、庭園だらけの山手も、高度に工業化された城東地区も公共の緑地には恵まれなかった。そこから読みとるべきは、江戸創建当時の身分による住み分けが今日的な形で発現しているという点である。緑の都市の大半は民地のままで、特定の私人の娯楽、もしくは農耕に供されるのである。[3]

1　ここで陣内はヨーロッパ北部の都市よりも自分の専門とするイタリアの高密度に構築された都市のことを暗に語っているように私には思われる。

2　壁の囲いを禁止して、フェンスや生垣等のもっと見通しのよい囲いを奨励する条例が各地に制定された。これにより、従来のような外界からの隔絶を避け、もっと開放的で、もっと緑のまちづくりが打ち出せるようになった。こうした条例には、建物の境界線からの距離を従来よりも開けることを義務づける規定（従来の五〇センチから一・五メートルに広げた例もある）も一緒に盛り込まれていることが多い。これにより、坪庭やガーデニングが奨励される。

3　幕府から拝領したこれらの武家屋敷の土地はすべて、明治維新を機に帝国新政府に接収され、官庁や陸海軍の建物、その他、大学キャンパス、学校、ホテル、大使館といった公共施設に姿を変え、なかには新宿御苑のように都市公園になった例もある。

内側

ヨーロッパの都市は違った歴史を物語る。公共スペースは非常に早期から形成され、そのなかには緑地も含まれていた。だからウィーン、パリも含めたアングロサクソン、ゲルマンの都市は、無機質な外見の地区だけではなく、広大な公園、そして城壁跡を利用した環状の並木道を市民らに提供した。こうした公共スペースは、たしかに東京には不足している。しかし山手の緑の有機的な区画は、都市の別のふたつの人工物とよく似ている。ひとつ目は四方を道路に囲まれたロンドンのスクエアだ。その小さな公園は道路から見えるのだが、その道路をさらに四方から取り囲む建物の住人たちしか立入ることができない、半ば公共の私有地だ。ふたつ目は表通りからは見えないが、パリ西部地区の地図や航空写真に現れる巨大な区画によって初めてその存在を確認できる無数の隠し庭園である。そうなるとパリとロンドンの無機質さと公共性は減じ、もっと緑で、奥ゆかしく、ぐっと東京的に見えてくる。東京は東京で、足りない公共スペースを北の山手と西の田園地帯の個人の庭で相殺している。

森

アメリカのガーデンシティを彷彿とさせる、あるいは現代ヨーロッパの都市からは消滅した中世の面影を持つこの緑の東京は、自然との関係においても特異性を発揮する。まず東京都の一番西の端にある険しく鬱蒼とした山岳地帯、そして河川敷の生態系を思い起こしてほしい。これらはヨーロッパにはまずありえない代物である。また、荒れ地についても語ろう。欧米で荒れ地と言えば工場跡地だが、その日本の従姉妹の多くは、もともとあった自然の荒れ地の切れ端である。また、都西部のここかしこに突如噴出する緑地にもふれておこう。目黒区と世田谷区はふたつ合わせてパリ市の約半分の人口を擁するが、そこには数は減りつつある

4 都会のなかにとり込まれたブーローニュの森、ヴァンセンヌの森だって、こざっぱりとした都市公園というよりも貴族の領地の森を思い起こさせる、とか、英国式の大公園は、有機的な伝統にしたがっている、とか反論できるであろう。たしかに両者それぞれに野趣はあるものの、やはりデザインされ、いわば「人間化」されているので、等々力渓谷など都会のなかにありながら野生のままの場所に作用していると思われる「意図の停止状態」、「生の力」は感じられない。とは言え、自然は所詮人間の手から逃れられない。近年、この公園の性格を変えかねない鉄道工事計画が持ち上がり、渓谷の保護を訴える人びととの間で激しい論戦が繰り広げられた。

4 都会のなかにとり込まれたブーローニュの森、ヴァンセンヌの森だって、こざっぱりとした都市公園というよりも貴族の領地の森を思い起こさせる、とか、英国式の大公園は、有機的な伝統にしたがっている、とか反論できるであろう。たしかに両者それぞれに野趣はあるものの、やはりデザインされ、いわば「人間化」されているので、等々力渓谷など都会のなかにありながら野生のままの場所に作用していると思われる「意図の停止状態」、「生の力」は感じられない。とは言え、自然は所詮人間の手から逃れられない。近年、この公園の性格を変えかねない鉄道工事計画が持ち上がり、渓谷の保護を訴える人びととの間で激しい論戦が繰り広げられた。

ものの、山岳の精霊たちが宿る鬱蒼とした森のミニチュア版を見出すことができる。竹薮や木々の茂みで外界から隔絶された神社。それを取り囲む地区は、神々の住まう自然と今や都市と化した村との間を取り持つ緩衝地帯である。また、等々力渓谷のような奇観も生き残っている。そこには青葉滴る断崖に両脇を挟まれた多摩川の小さな支流が、都市のただなかに一本の緑の溝を刻んでいる。[4] 都市に暮らしてきたヨーロッパ人には、ここでは人間が無関心（放っとけ仏）と畏敬の念（さわらぬ神に祟り無し）との板ばさみになっているように思われる。

儚さ 47

Evanescence

不在

東京では様式の問題は、郊外から押し寄せる大潮をかぶり、ぼやけて見える。ロサンゼルスと同様、高級ビルや豪勢な屋敷は、真珠を抱いた珍しいアコヤガイが、フジツボだらけの岩床に置かれ、見分けがつかなくなるように、折衷や外来様式の大海に没している。ロサンゼルスと同じく、東京にはエッフェル塔もなければ（東京タワーはいかにもその代用品という感が強く、同じ役割は果たせない）、ニューヨークのエンパイアステートビルも、ローマのコロッセウムも、北京の紫禁城も、ロンドン塔も、アテネのアクロポリスも、マドリッドのプラザレアルもない。ただひとつのアイコン、富士山でさえ隣家の庭にある借景で、かつて仰ぎ見ていた木造の大天守閣も焼け落ちてしまった東京には、シンボルがない。シンボルとは、旅人が「東京とはこんな街」[1]と心象風景を描くときには必ずそこにあり、その都市を讃えてくれる人工のオブジェか空間のことだ。いや、むしろシンボルがあまりにたくさんありすぎて、一瞥をくれたなり記憶喪失に陥ってしまうのだ。それでも、記憶の引き出しをこじ開けて、あちこちの地区の棚卸しをすると、出るわ出るわ、度肝を抜く大物から猫だましの小物にいたるまで、いったいいつの間に溜まったのだろうというくらい無数のシンボルがあることに気づかされるのである。[2]

都市とは断続的な建設の長い長い足し算であり、家々の様式は無限に増えていくが、絶えず再建され続けるうちに次第に変化していく。そんななかにも一戸建て住宅に変わらないただひとつのものがあるとすれば、それは家のイメージ、すなわち外見ではない。なぜなら外装には流行り廃りがあるからだ。肝心なのは、その建造方法である。木造の細い柱と梁の単純な骨組みが、北米と同様に最も経済的で、最も普及した構造体である。

1 日本の地方からの旅行者と外国人旅行者の認識には、当然のことながら歴然とした違いがある。銀座通りは地方からの観光客にとって、東京のシンボルの役目を果たしている。首都観光の必見ポイント、銀座の名は、地方や郊外の商店街に複製されて無数に広がっていった。東京タワーもかつて地方出身者の目には、一定の輝きを放っていた。

2 本書56「目録」を参照。

存在

江戸から東京へ。この齢四〇〇年という「若い」都市は、レイナー・バンハムが出現する前のロサンゼルスのように反都市、文化果つる地とみなされたことは一度たりともなかった。しかし、アジアの他の大都市に右に習えで、東京も都市をめぐる近代論争の俎上にのぼることはほとんどなかった。東洋でわずかに認知されていたのは古い都市ばかりで、北京や京都がその都市文化遺産により、香港がその政治的象徴性により、論じられることはあった。東京がヴェールを脱いだのは一九六〇年代のこと、ル・コルビュジエによるパリ、ヴォワザン計画のプロメテウス版とでも言える、ある幻の都市計画が契機となった。丹下健三の「東京計画一九六〇」、それはピロティで支えたコンクリート製の巨大な水上構造体で東京湾を覆い、そこに人を住まわせ、それが増殖していく、というもので、北斎の「富嶽三十六景　神奈川沖浪裏」の大波や富士山の完璧な輪郭に比肩し得る曲線を配し、もう一〇〇〇万人の都民を迎えるための新都市を創造していた。[3] この年代の幕開けとともに、東京はそのイメージにおいて、都市性を論じられるにふさわしいエリートの一員へと急浮上し始めるのである。

3　この提案の正式名称は「東京計画一九六〇　その構造改革の提案」。

単語 48
Mots

カスタマイズ

ふたつのキーワード、「カスタマイズ」と「ファンタジー」はアメリカナイズされた行動の影響を言葉に直したもので、多くの都市型住居の物的表現の特徴を表している。他の多くの国と同じように、住まいをカスタマイズするのは、特定の社会グループに理解できる、すなわち許容できる範囲内で個性化したいという願望への消費主義的な答えである。大手ハウスメーカーから土地分譲も手がける中小工務店にいたるまで、住宅建設会社は、型にはまった変化型を満載したカタログで、見た目には数えきれないほどの提案をして、個性の表現への憧れに応えている。[1]

こうして、あらかじめ噛み砕き、画一化した品を取り揃えた見かけ倒しの「自由」の名のもとに、ヨーロッパでは安っぽい地方趣味の家が、アメリカではヨーロッパの歴史趣味と開拓者の丸太小屋神話が、さもなければ、より洗練されたコロニアル様式の家が提供された。日本では、伝統派のタッチに明治以来の欧風近代化の流れに乗って輸入されたモデルがミックスされ、これにさらに戦後のアメリカの尺度から見直した第二次近代化が合流した。数寄屋造りにカ

1　これは、家を工業製品化して大衆の住宅問題に応えようという近代建築家の夢の庶民版かつ消費主義版にほかならない。

2　数寄屋造り……禅文化の影響を受け、見せかけの質素さを示した極めて純化されたマニエリスムの様式。一六世紀に現れた数寄屋は、風流を愛する数寄者が好みに任せてつくった建物を意味し、千利休が理論を確立した茶の湯を行う茶室を指すのに使われた。江戸時代、この様式はついに応接間と家内装飾のすべてに影響を及ぼすにいたり、封建時代に生まれ、数寄屋造りのもとになったとしばしばみなされる書院造りとともに、日本家屋の一種の曖昧な美学のパラダイムを形成している。今日、この様式は畳を敷いた座敷にのみ使われるのが一般的となった。その領分は次第に狭められつつあるとは言え、数寄屋は和の概念を大いに広め続けている。

ントリーとコロニアル様式の堕落した歴史趣味のシリーズが加わった。[2] 東京では「カスタマイズ」の普及版かつ大衆迎合主義版が、今や一〇〇年にわたる伝統と西洋化との葛藤を表現し続けている。

ファンタジー

「ファンタジー」とは日常の世界に不可思議なことが闖入してくることを指す。ヨーロッパの庭の小人像の日本版は、素焼きのガマガエルに石灯籠と鹿威し《ししおど》である。こうして書院造りと数寄屋造り(畳、障子、床の間、等々)に欠かせないアイテムは大多数の住居、飲食店、宿泊施設、談話室等に浸透している。この和式ステレオタイプは、一六、一七世紀の武士の離れ家であった茶室の現代普及版の最終到達形である。あの緑色に泡立つほろ苦い飲み物の儀式を司る茶道家の機転の利いた話術と大工兼建具師、庭師らの多彩な才能が結集して生まれた野趣あふれる夢想は、郊外の無名の造形へと姿を変えた。それらのなかには魅力的なものもときとしてあるが、大抵は薄っぺらである。

奥 49

Oku

どうやって

東京は西洋とは別の社会空間のあり方を体現している。でも、それが「なぜか」と問うと、五〇〇年前、あのフロイス神父がヨーロッパ中心の目線で書き連ねた比較論の形式がどうしても思い出されてしまうのだ。むしろ、この問いを別の問いと入れ替えて、それがどのようにしてできているかを考えてみよう。たとえば、街区のない都市、もしくは境界壁がほとんどない都市をどうとらえるか？

ミートパイ対雷おこし

ヨーロッパの都市を旧来より形づくってきた物理的な基本単位、「街区」は、フランス語で「îlot（小島）」と呼ばれ、同国およびスペインとイタリア、すなわちラテン諸国に共通した概念である。一方、アングロサクソン系でこれに相当するのが「block」である。いずれも隙間なく隣接し合った複数の土地、または区画の集まりであり、周囲を道路で囲まれている。その外観は、縁の部分にびっしりと建物が並び、なかが空いているミートパイのような形態である。

東京における都市の基本元素は「丁」とその行政上の下位区分「番地」であるが、その形は非常に曖昧である。「丁」[1]は江戸初期には一辺六〇間（一〇九メートル）の正方形を指し、パリやバルセロナの「îlot」と互角に渡り合っていた。ところが、その現代の末裔は、規則性などいっこうにおかまいなしに、苦もなく通りをまたぎ、向こう側まで渡ってしまった。一方、番地は通りに囲まれ、「îlot」に似てきたが、この異郷の地の従兄弟には、じつは少々不思議なところがあった。番地を構成する基本分子である建物群は、密度がばらばらで、まるでボコボコに殴られたかのように、あちらが凹んだかと思えばこちらが飛び出し、境界壁でぴっちりとつながっているわけでもないし、セットバックのせいで道路側の壁面も揃っていない。[2] 建物が集合し、混み合い、江戸初期は空っぽだった芯の部分にも中身が詰まってきた。表向きの「公」、裏向きの「内輪」、あるいは「私」という二面性は存在しない。小さな個人の坪庭が一部の建物だけにささやかな日照をもたらす。この集合体内部の、通りの裏側に面した土地区画と土地区画の間には、ヨーロッパのように共用の中庭やオープンスペースは設けられない。前面道路もまた、往々にして私的行為により犯され、「飼いならされる」。道路沿いの住人が陳列した植木鉢やその他の所帯染みた物品たちが、歩道はおろか車道にまでせり出し、そこでちまちまと整列しているのだ。番地は穴だらけ、あるいはギザギザの刻み目だらけのアッサンブラージュ、あるいはデコボコの雷おこしのような形をしている。[3]

1 「丁」という行政的かつ物理的な区分は、支配的ではあるが、どこでも必ず使われているわけではない。

2 都市計画の用途地域（住居地域、商業地域等）に応じて建築面積が変わる。住居地域では土地面積の四〇から八〇パーセントまで増減する。

3 外周の道路に面したパイ皮部分の建物は、他の部分よりずっと高くできる。建築家北山恒は日本の街区の形態をアンコと皮でできた「アン皮」と呼んだ。

4 後年の分筆で複数に切り分けられた土地区画が皆、同一住所のままでいる例もたびたびあり、郵便配達員を悩ませている。

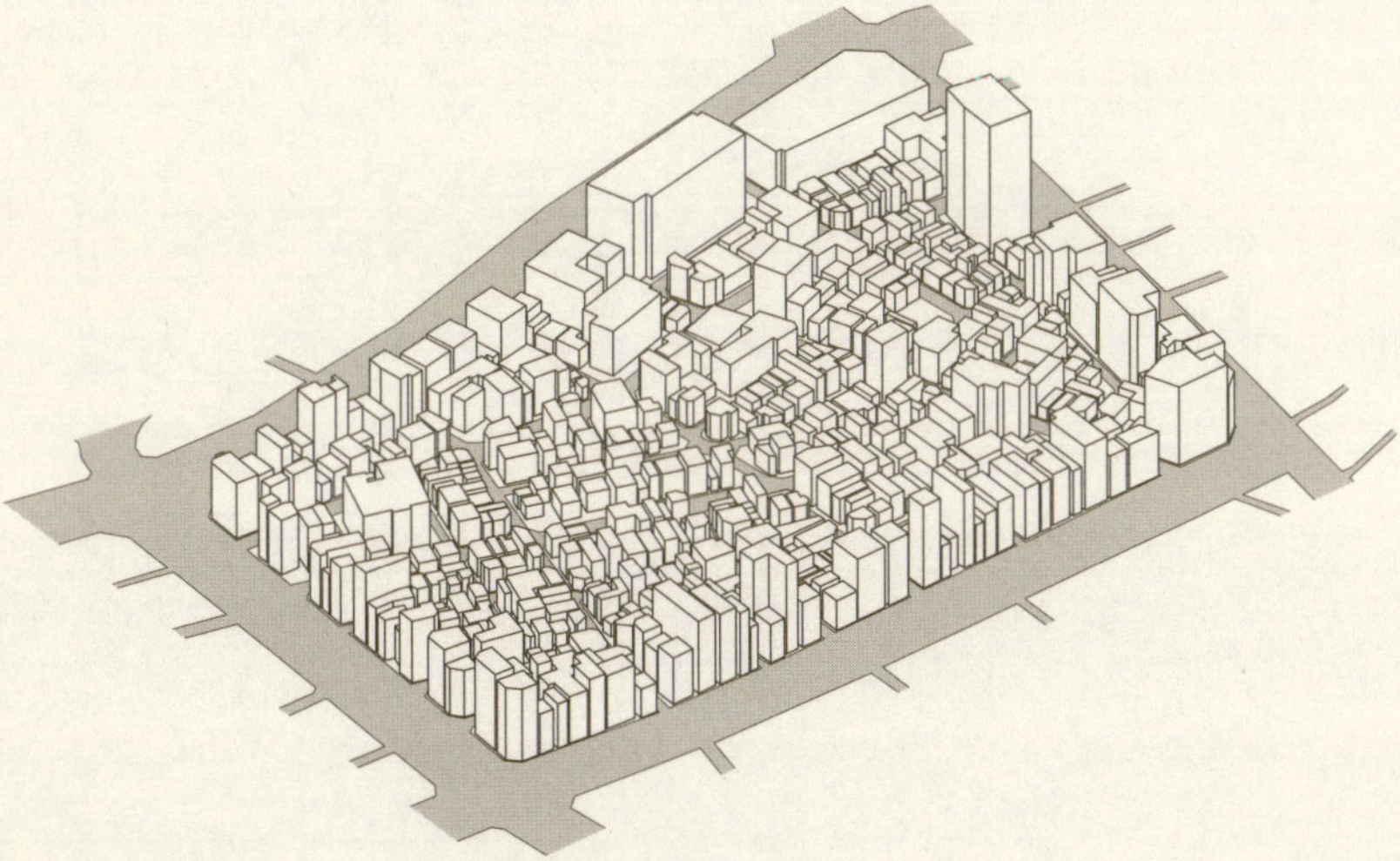

デコボコ雷おこし

合理的な位相学すなわち位置関係の順序を反映した街区方式または道路方式の住所表示も東京にはない。丁の番号表示が位相的なのに対し、土地区画の番号表示は時系列的で、建設時にふられた番号なので、連番で並んでいないことが多い。[4] 丁と番地はその厚みゆえに、前面道路と接していない土地区画が数多く存在する。路地づたいに番地の建物の藪を分け入ってゆくと、なにかの内懐の、深いところにいる感覚に包まれる。これが「奥」という伝統的な概念である。[5] ヨーロッパの街区の中心が何もないのに対して、ここでは猫の額のように小さいけれど丹精を込めた坪庭が、待ち伏せするように建物と建物の間に突如として青々とした草木を茂らせ、多湿版のカスバを出現させている。

奥

5 槇文彦他著『見えがくれする都市』(鹿島出版会、一九八〇年)
これは槇文彦とその協力者らが下記の本で提唱している命題。槇は東京の都市構造が、中世日本の空間概念に端を発する、内懐深くに包まれているという思想にもとづいていると考えている。水田のそばに集落があり、村はずれの山すそに神社があり、そのさらにむこうの鬱蒼とした山のなかに奥宮があるという小宇宙的構造から、いくつもの間が連なり、奥へ奥へと水平に発展していくという、空間であるのにほとんど二次元的な聖と俗の住まいの見取り図にいたるまで、タマネギのようにひと皮むくたびに奥懐に入っていく感覚は共通している。このような物理的配置は一七世紀以降の極度に過密な都市において、狭苦しさをやりくりし、すでにひとりあたりの面積がかぎられている住まいのなかで、そこそこのゆとりがあるような錯覚を抱かせる知恵であった。

土地区画 50

Parcelles

したたか

時の流れとともに、デコボコの雷おこしが過密化すると、位相学上の問題が持ち上がる。土地区画の細胞分裂が相次ぎ、そこで直面した現実に即して問題を解決すべく、ふたつの空間配置が生み出された。[1]ひとつ目はうねうねした路地で丁や番地のすみずみまで毛細血管のように入り込み酸素を運ぶ。ふたつ目は、一部の土地区画が身につけた「賢い位相学」[2]である。このしたたかな知恵は、その形態の点からふたつの血統に受け継がれてきた。ひとつは蔕《ヘタ》地、もうひとつはL字型、または日本語で旗竿地と呼ばれる。

前者は棒のような狭小地で、大きな岩にできた洞穴よろしく、隣家と隣家の隙間にちゃっかり潜り込んだ。後者の多くはひとつの区画をふたつに分筆した産物で、一方はL字型、もう一方は元の区画の縮小版のような、かなり整った形態のほぼ正方形で、その前面はもとより十分に道路に面している。一方旗竿地の細長い「竿」の部分は道路に接し、より広いが奥に閉じ込められた「旗」の部分と道路とをつなげている。家はこの「旗」の部分に建てられるが、分筆されたもう一方の土地

1 建築家・塚本由晴は、ある記事のなかで、非常に分かりやすい例を挙げている。二〇世紀中に奥沢地区の平均土地区画面積は当初の三分の二を失い、二四〇平米から八〇平米になった。塚本由晴著「非寛容のスパイラルから抜け出すために——ヴォイド・メタボリズムにおける第4世代住宅」、『TOKYO METABOLIZING』（TOTO出版、二〇一〇年）所収

2 フランス中世都市とその形態の不規則性を論じた建築家アンリ・ゴダンの比喩に富んだ表現にならって。

区画上には道路沿いに家が建っているので隠れて見えない。こうした区画の集まりのなかを路地、通り、大通り、高速道路が横断し、これらの区画を分断したり、連絡したりするが、その不定形さは整理されるどころか、なんの影響も被らない。

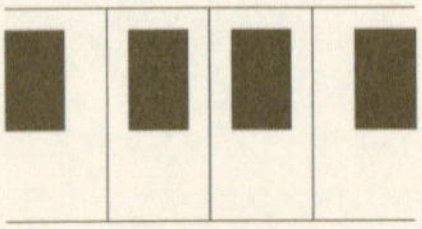

A : parcelle régulière
Regular Lot
短冊型

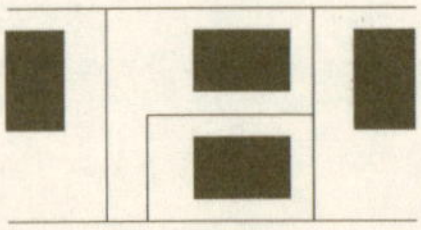

B : parcelle en hampe de drapeau
Flagpole Lot
旗竿型

C : parcelle en bâton anguleux
Sticklike Lot
変形型

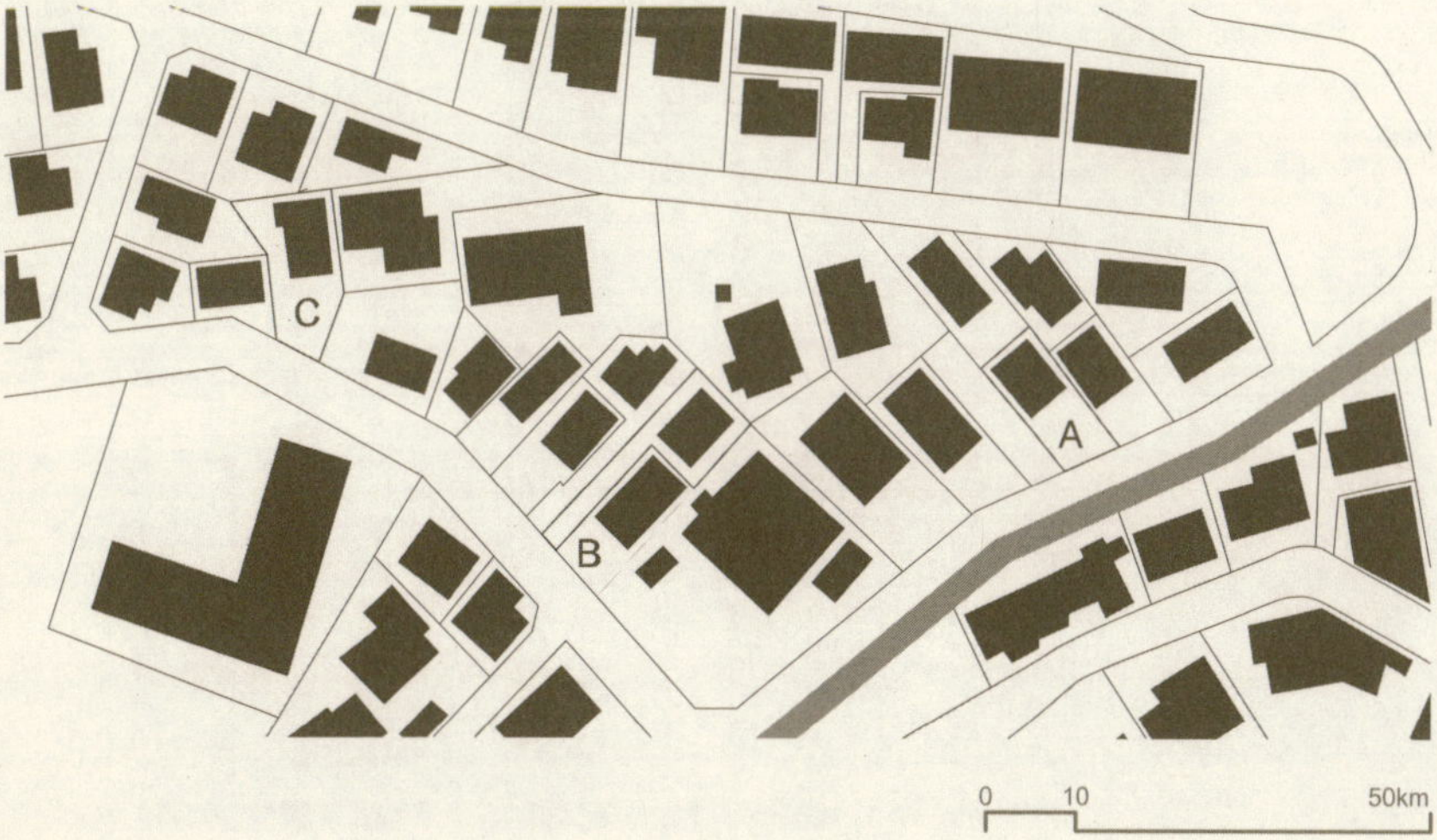

Parcelles / Lots / 土地区画

法律

旗竿は分筆を合法化する鍵である。規定の二メートルという最低幅員がなければ建築許可は一切交付されない。逆にこの規則が浮き彫りにするのは、この幅員に達しない土地区画に建てられた古い家が、いまだに雑草のようにしつこくはびこっているという点である。後年の厳しい法規のせいで、今や事実上建築不可能となった土地の上に建つ家の所有者は、建て替えができないため、改築やこっそり増築をするに甘んじている。

ただし、一部の区では法が現実に歩み寄ることもある。たとえば、東京二三区のうちでは最も広く、おそらく最も「シック」な世田谷区では、違法建築の割合がなんと四〇パーセントに達するとも言われる。これらはおもに戦後、あるいは高度経済成長期に、法的枠組みの不在に乗じて急速に都市化が進んでいった郊外の農地に建てられた家である。ここでの既存不適格の家の再建は、部分ごとに、敷地に引かれた当初の建物の輪郭線に寸分たがわずに行われる。こうすれば形式上は、新築、つまり違法の建物とは認識されず、もとの古い家が、経年変化によりすこしずつ変貌を遂げたものとみなされる。この継続的変化は、お上の曇った目には依然として存在しないことになっており、こうした改築は正式な建築許可のお墨つきのないままに容認される。東京都は法的には非常に融通の効く相方なのである。[3]

3　本書34「陰」を参照。

細分化 51

Emiettement

太陽

樹林の奥には神社の奥宮が、茶から灰に変色した木製のくすんだサギよろしく、こんもりとした小山の肩に止まってじっと待ち受けている。[1] そこにいたるには、狭くて険しいつづら折の小道を登っていく。まっすぐの軸になることを頑に拒むその参道は竹、赤松、杉、楢《ナラ》、欅《ケヤキ》、楠《クスノキ》、鱗片状の樹皮を持つ檜《ヒノキ》の繁茂のなかにある。エメラルド色の新緑のなかに木漏れ日が降り注ぎ、森が若ければ、光を酸素に変える。

丁や番地の襞《ひだ》の奥にも光は射さなければならない。隣地境界線からの壁面後退距離を定める規則が都市の過密化を防ぎ、最低限の健康的市民生活を保証している。

事実、数多くの義務が建築物の大きさと高さを規制している。こうして一戸一戸の建物は、さまざまな斜線制限[2]を考慮した規定上の最大サイズである仮想のボリュームのなかにすっぽり収まっている。この決まりは、北側隣地および道路にも日照を確保するものである。この規則を形に現した最も分かりやすい例が、戦前のアメリカ人パースペクティブ作家、ヒュー・フェリスの描いた高

1 村はずれに建つ神社の本殿を補う奥宮のこと。本書49「奥」注3参照。

2 最も頻繁に登場するのが北側斜線、隣地斜線、道路斜線である。日影規制とは、一日の地面に投じる影を計算するもので、冬至の日に隣地に当たる最低の日照時間を守るための補足的規則である。こうした一連の規則は一部重複もしており、見た目にはまるで規則がないような印象を都市に与えている。

3 Ferriss (Hugh) : *The Metropolis of Tomorrow*, Ives Washburn, New-York, 1929. 吉村靖孝編著『超合法建築図鑑』(彰国社、二〇〇六年)

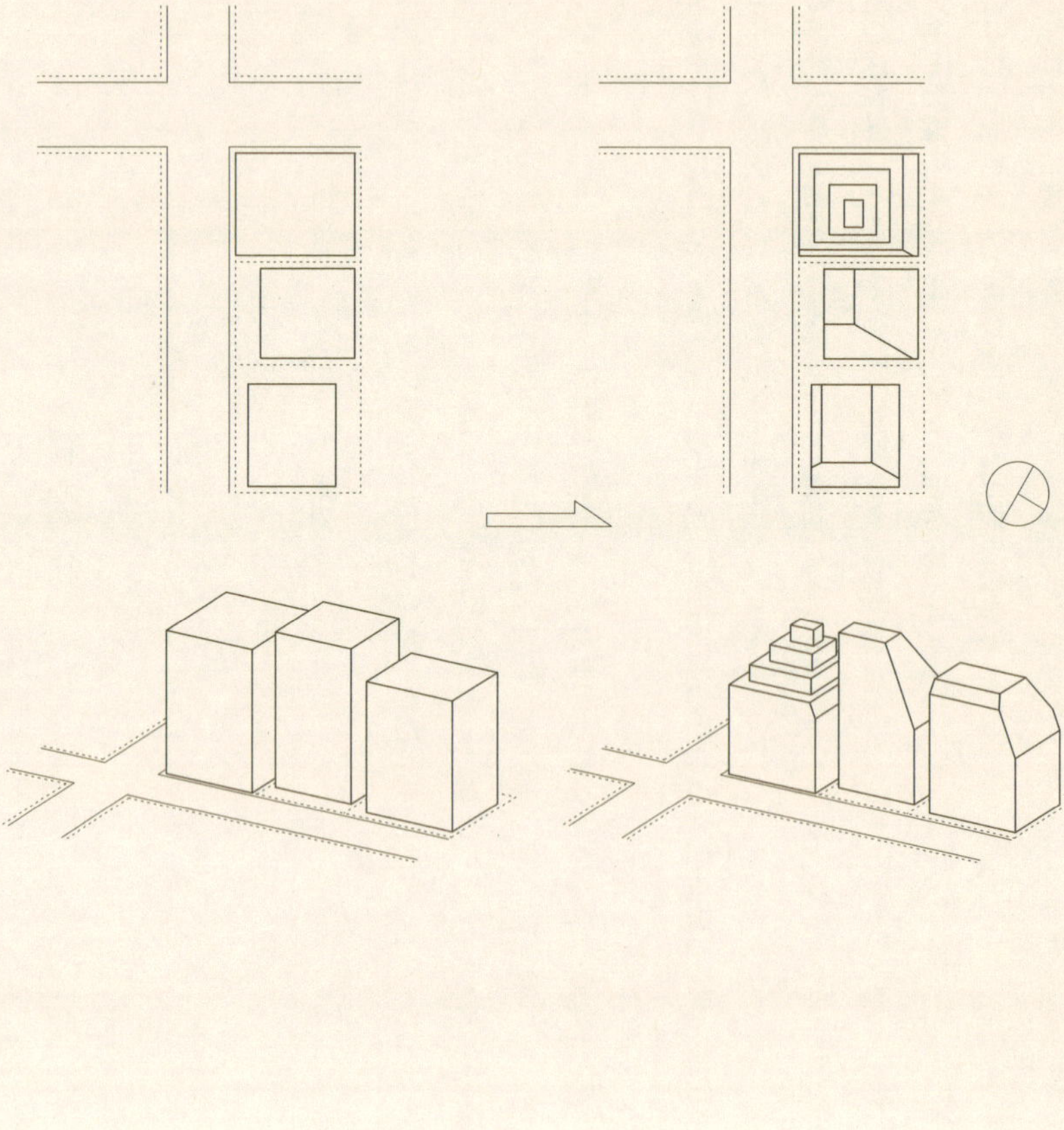

Emiettement / Fragmentation / 細分化

層ビル群の木炭画である。最も愉快な例は、吉村靖孝が制作したカタログであり、赤いマーカーペンで建物のシルエットにのこぎりで切り落としたような影を重ね合わせた東京の姿を描き出している。[3]

クリスタル

さりながら、東京の特殊性はこれとは別のものである。建物のサイズを取り締まる法規は、最低の日照を確保するという実利的な目的によるものであり、都市を違った方法で見ていることが分かる。この規則は、道路沿いの建物、ひいては街区のサイズ規格を包括的かつ総合的に定義することにより明快な都市の形態をつくろうなどとはすこしも考えてはおらず、むしろ一戸一戸の建物とその四方周囲との関係を規定しているにすぎない。その証拠に、景観規制[4]や、道路沿いの建物の壁面を揃え、しかも形態も揃えるべし、といった義務は存在しない。その代わりに、それぞれの建物が、隣人と境界壁や側溝等を共有するといった事態を極力避けつつ、それぞれの敷地上に、隣地境界線から必要最低限の壁面後退距離を設け、建ぺい率、容積率の範囲内で建っているのだ。重要なのは、都市の基本構成要素とみなされる丁や番地の形態をレゴの積み木セットのように管理することではなく、一戸一戸の建築物を別個にとらえ、その形態を管理することである。都市の基本構成要素は街区ではなく建物なのだ。土地区画の形態、サイズ、方角はまちまちで、そこに右で述べた各種規則によって幾何学的制約がかかってくるため、東京のこまぎれの外観が強調される。ヨーロッパには多様

4 一部の住宅街や京都市祇園等の美観地区、あるいはまちづくりの手続きの影響を受けたほんの少数の地区だけが景観に関する規則を設け、視覚的な持続性と調和を確保している。

5 フランス語は、「スカイライン」を採用した英語やそれを借用した日本語ほど詩的ではなく、空を背景にした屋根の形態の「削り落とし」あるいは「切り落とし」といった表現を使う。この正確な対応語がないという事実は、日本の建築家や歴史家が日本の都市と比べてヨーロッパの古い都市のスカイラインには、異常な突起物がないと指摘することがよくあるだけに、じつに興味深い。陣内秀信は明治時代の造営官らが、ドーム、鐘楼、その他もろもろの突出物であふれたヨーロッパの都市を目の当たりにして驚嘆したことにふれている。なお、この「スカイライン」という用語はフランスよりも日本の建築学講義の設計課題で使われることが多い。

な都市があるが、いずれも表面は多少凸凹するものの、建物の形態はかなり統一されている（ただし、外観が比較的不揃いのロンドンはのぞく）のに対し、東京のスカイライン[5]はまるで棒とクリスタルの森のようである。この外観は、奇妙な逆説ではあるが、明治時代の都市西欧化への取り組みの遺産なのだ。東京が変貌を遂げる前の一八七〇年ごろ、市中の高台に登ったアメリカ人モースの目に映ったものは、広大な濠の彼方に追いやられた旧将軍の城をのぞけば高い建物（塔、鐘楼、大聖堂等）が一切なく、魚の鱗のような甍の波がどこまでも続く低層都市の全貌であった。こうしてこまぎれが均一性にとって代わった。

陵辱

しかしながらところによっては、クリスタルが陵辱されることもある。銀座の商店街では地主からの圧力があまりに強いため、通常の法規は退散してしまった。高さ制限は近年約二〇メートルも上昇し、三一メートルから五六メートルになった。同様に、通りやビルにささやかながらも陽が当たるよう建物を斜めに切り落とす義務も撤廃された。店舗も事務所も自然光は要らないというわけだ！　通行人にはショーウィンドーがあれば十分で、あとはそそくさと建物のなかに入ってしまうだろう。だからクリスタルは、もっと採算性の高い、大きい正方形に場所を譲ってしまった。

もっと最近になると、「天空率」と美しく命名された規則によって別の自由が提供されるようになった。この規定もまた、道路斜線によってビルが斜めに切り落とされるのを防いでくれる。道路沿いの建物を壁面後退させるとともに幅も微妙に減らし、その見返りに高さと容積を得るという微妙な駆け引きにより、ほぼ四角い形態を保つことができる。

光 52

Lumière

南

日本では南向きの住まいが断然好まれる。この、熱病にも似た南向き信仰が最も目に見える形で現れたもののひとつが、ばらばらな「丁」の形である。道路沿いの建物の壁面を揃えることによって生まれる形態ではなく、最大の陽当たりが得られるよう、各自思い思いに太陽の軌道を追い、住まいの向きを定めた、その総計なのだ。しかし熱帯の国々のように、住まいは往々にして、厳しい日射しを嫌い、薄暗がりに沈み込んでいる[1]。

1 東京の緯度は猛烈な日射しの北アフリカと同じであることを忘れてはならない。

西

最も忌むべき方角。西日に照らされた夏の午後のムンムンとした空気が室内に満ち、家中の家具という家具、壁という壁に染み込む。

東

朝型人間はこの方角を好む。朝食時きっかりに軽やかな光が注ぐ。この低緯度の都市は一年を通じ夜明けが早く、とくに冬、そして間《あい》の季節の明るい大空には驚嘆させられる。ただし昼なお暗い下町の奥懐に住めば、話は別である。

北

当地の開発業者にとって北向きの家は、顧客受けのしない、間違いなくマイナス価値を形成するための定石である。だが例外もある。戦前、ル・コルビュジエのもとで働いたモダニズムの建築家・前川國男は自邸を敷地の南側に配し、北側に庭を残すのを好んだ（この家は、現在、江戸東京たてもの園に移築されている）。この逆転のおかげで、彼は年中日陰の涼やかなリビングルームから、いつも陽のあたる木々の緑を眺めていた。

陰翳礼讃[2]

日本の伝統家屋の薄暗がりを讃えた谷崎潤一郎の散文を忘れた東京人は、屋外の天気などおかまいなしに、朝から無数の蛍光灯管のスイッチを入れ、事務所や居室を一日中煌々と照らしている。[3]それなのに、この同じユーザーが、近代の衛生主義的な大出窓からさんさんと降り注ぐ光をすこしも好まないのだ。ヴェール、ブ

2　谷崎潤一郎著『陰翳礼讃』（中公文庫、一九九五年［初版は一九四六年、創元社］）

3　オフィスまたは作業空間の照度を計算するにあたって、日本のエンジニアは西欧の同業者よりも軽く三〇パーセントは高い数値を想定する。有名な例を挙げよう。広告代理店、電通の新社屋が東京湾を臨む汐留地区に落成した。タワーを設計したのはかの有名なフランス人建築家ジャン・ヌーヴェルだ。ところが入居した社員から大きな不満の声が上がった。オフィスが暗いと言うのだ。実際、ヌーヴェルは日本の基準より低い照度に設

ラインド、カーテンを引き、障子を閉め、照明を点ける。だから、建築家がお仕着せにする陽当たりと都市パノラマの大方は無に帰すのである。

定していた。よく聞く説は、日本人の暗褐色の瞳は、西洋人の明るい色の瞳よりも光を感じにくい、というものだ。私自身はむしろ文化説のほうに傾いている。「近代性とは蛍光灯の煌々とした直接照明である」といった発想がいまだに残っているのだ。まさにこれと同じ光が、白い「フォーマイカ」というメラミン樹脂素材と明るい色のタイルでできた私の幼年期の台所を明るく衛生的に照らし、近代性を保証していた。

53 共有 Partage

境界の共有

すでに述べたように、物理的に高密度にもかかわらず、この都市には建物の境界壁を隣人と共有する習慣がない[1]。だが、この比較的簡単と思われる解決策に頼らないのは東京ばかりではない。一戸建てが中心の都市や郊外、あるいは高層ビルや大型の低層ビルが増殖する現代ビジネス街の多くがこれに該当する。境界壁を共有しないというのは、かなり最近の現象なのだが、そのせいで道路がまっすぐつながって見えなくなる、と西欧人は心配するかもしれないが、それには及ばない。境界壁がなくとも、土地区画を示す標識が打ち込んである。地震列島日

1 たとえば銀座では不動産業者の圧力により地価が法外につり上がっているため、ビルとビルとの間隔が多少狭まりつつある。歴史的に見れば、町人（商、工）の住まう下町の過密な長屋街では都市住宅は細長い帯のような形態をしており、境界壁が存在した（じつのところは張り合わせた壁板二枚だけだが……）。つまり、家と家とを分離するのは、基本的に現代の習慣である。

本では、短命の建物より、不変の土地のほうが重要と考えられている。短い周期での建て替えに便宜を図るのは、地震対策の手法のひとつでもある。[2]

2 ひとつながりの構造体は硬直的なため、地震などで亀裂が生じやすい。建物を分離すれば、この亀裂による損害を防ぐことができる。だが、最大の問題は、揺れそのものよりも、同時に発生する火災であり、建物同士に距離を設けても、延焼を防ぐことはできない。

並列

文明発祥の地メソポタミア、エジプト、インド、中国以来、石と土と煉瓦でできた都市は、どちらかといえば集積する傾向にある。分離独立した建物とは、まず宮殿と代表的な施設のことであり、時代が下ると、富裕層の邸宅もこれに加わった。とは言え、この関係は政治および歴史のいたずらにより変化する可能性がある。そんなわけで、ローマ帝国の古代都市国家「シテ」は、帝国崩壊後、および中世の初めから終わりまで、自分の殻に閉じ籠り、文字どおり爆縮、凝集状態にあった。帝国の中心から遠く離れた辺境の地では、パックスロマーナの庇護はもはや約束されず、そこで護身用の防具を自分の体にぴったりと巻きつけるがごとくに要塞を周囲にめぐらせた。破壊されたモニュメントは、しばしば別の目的に転用された。円形闘技場は住まいと化し、アーバンファブリックのなかに溶け込むか、石材として利用された。

もうひとつの旧世界、日本では、これとは別の都市伝統が形成された。それはもともとこの地にあった土着的で有機的な村と中国のモデルのミックスである。それは、うねうねした、かなり不定形な道路沿いに形成される構造と、一つひとつの建造物の単位がはっきりと識別できる合理的な碁盤の目状の構造を重ね合わせたものだ。一七世紀初頭以来、日本全土に敷かれたパックス徳川の太平の世が、その遠戚、ローマ帝国と同様に、対外安全保障の問題を解決した。ゆえに新しい首都、江戸は境界を要塞化する必要がなく、城も含めたさまざまな領域が連続的に併置された。それは下町の地区であれ、長屋であれ、山手の一戸建ての屋敷であれ、どのレベルでも同じである。

54 崇高さ
Du Sublime

呆然

ハドソン川、あるいはイースト・リバーの対岸から見たマンハッタン、あるいは燃え上がる炎のように赤い浦東《プードン》タワーから見た上海、黄浦《ヒャンプー》区の対岸にものの一〇年で急普請された新ビジネス街の眺めには心底呆然とさせられる。中国のメトロポリスに一〇年足らずで七〇〇〇棟も林立した高層ビル群、ル・コルビュジエの光り輝く都市の超過密かつ超特大版を目の当たりにすると、理解を越えた、あまりのスケールの違いに精神が張り詰めてくる。このおびただしい数の棒の一本一本のなかでは一人ひとりの人間が暮らし、働いているのだ。そんな個人の行為の枠を超越し、すべてが一斉に天をめがけてジャンプする。東京、ロンドン、シカゴ、ヒューストン、サンパウロ、パリでは高層ビルの一棟一棟、あるいは密生したビル群の一つひとつを認識できる。だが上海では、マンハッタンと同じく、都市全体が膨れ上がり、まるでひとつの森のように見える。だが一棟一棟のビルに目を転じると、大抵は貧相で面白みに欠ける。これらが、くっつきあって皆で上昇し、崇高の域にまで達しているのだ。[1]

不均衡

東京都周辺の千葉市、埼玉市、川崎市、横浜市も含めた首都圏は人口四〇〇〇万を擁する。つまり、日本人の三人にひとりがここに住んでいるという計算だ（そのなかにはもちろん、外国人も含まれることも忘れてはならない）。日本はスペースの足りない国のように思われがちだが、この数字だけを見れば、太平洋岸に人口が過剰に分布している島国であることが証明できそうである。東京から福岡までの延長七〇〇キロのメガロポリスは、この著しい人口不均衡が具現化したものである。数字は膨大だが、あまりにだだっ広い東京は、マンハッタンや上海のように崇高な外観は呈さない。東京を眺めても、恐怖やすごみはいささかも感じられない。その水平性は往々にして謎めいたままだ。その秘められた下位構造は把握できない、あるいは、把握しがたい。モニュメント性と垂直性には欠けるが、鬱蒼とした茂みが身近に伏兵のように待ち受けている。東京には不意打ちで驚かされることたびたびだが、心をわしづかみにされ、揺さぶられることはまずない。[2]

1 フランスの啓蒙思想は崇高さのなかに古典的美の極みを見ていた。たとえばヴォルテールにとってラシーヌの韻文はこの上なくバランスのとれた崇高なる、最も美しいテキストである。今日でもなお、フランス人は崇高さを美の最上級とみなして区別している。一方、ドイツのロマン主義にとって、美とは、なにかしら限度を超えた、ものすごいものを想起させる。それはカントに言わせれば、一種の緊張であり、理解と空想との相克である。したがって、ここでの私の論旨はフランス的思想よりも、ドイツ的思想に準拠している。

2 このマンハッタン流、あるいは上海流の崇高さ、またはローマ、パリ、北京といった都市にはっきりと見られる永遠性が東京には欠けているということからも、一件一件の建築案件をピンポイントでとらえるというアプローチが見て取れる。丹下健三や磯崎新のプロジェクトに見られるモニュメント性は、建築が都市になり代わってこの役割を引き受けようとした壮大な挑戦のように私には思われてならない。

絵になる

この調和を欠く都市は、ヨーロッパの思想の大半をいまだに支配し続けているカントの美の定義の例証にもならない。[3]これとは対照的に、古典主義とオスマン時代のパリはもちろん、現代のパリさえも、あるいはセルダの都市計画にもとづく碁盤の目状のバルセロナは、あの静かで、整然とした美を提供する。そこにおいて退屈と模倣に抗えるのは微妙なディテールとバリエーションだけである。それでは東京はどうだろう。明確な形態に欠けるという点から、一種の太平洋版ロンドンとでも呼べようか？東京、ロンドン、このふたつのメトロポリスはいずれも「集合体」という語の本来の意味どおりの、雑多な建物と地区の寄せ集めである。[4]この膠着状態が日本の首都に、イギリスの首都と同様に村の外観を与えている。それは山手線の楕円の内側という、都会のど真ん中でも目にすることができる。断片の寄せ集めの都市、調和もなければ、崇高さもない東京だが、これがじつは絵になるのだ。物騒な場所はめったになく、面白い場所、感じのよい場所がごまんとあるが、それは高層ビルの最上階にしつらえた眺めのよいバーや、宙吊りの高速道路や天翔る高架線の車窓から見ているかぎり、周辺視野にぼんやりと像を結ぶばかりである。ワシントンを手本とする「東京は、ロサンゼルスのように、あるべき都市の姿にはけしてたどり着けない都市の部類に数えられる。それは都市ではなく、都市を探し求めている地区の集まり」[5]なのだ。一方、崇高で不変の円錐形の富士山は、メキシコのポポカテペトル山のように、今日では近景の建物や空気汚染に阻まれ、なかなかその姿を目でとらえることはできない。[6]その巨体はあまりに遠くにあるため、ケープタウンを見下ろすがっしりしたテーブルマウンテンや、市街地の真上にそそりたつ香港のピークやリ

3 ドイツの哲学者カントにとって美とは、調和や甘美で心なごませるものではなく、整然として、明白なものである。
4 S・E・ラスムッセン著、横山正訳『都市と建築』（東京大学出版会、一九九三年［原書は 1949］）
5 ロマン・ガリー著、大友徳明訳『白い犬』（角川文庫、一九七五年［原書は 1970］）
6 昔は必ずしもそうではなかった。名無しの通りがほとんどの都市に富士見町、富士見坂といった「富士見」のついた地区名、通りの名が数多く存在するということは、建物が低かった江戸時代にはその姿がもっとよく見えたものと考えられる。

オのコルコヴァドはもちろん、アテネのアクロポリスとさえも比較にはならない。

55 集落 Villages

美談

東京とは昔から、いくつもの集落を収容する多核細胞がさらにいくつも集まったものである。[1] しかし、これを「東京」という、たったひとつの集合体にくくることで、はたして都市に別の意味を与えることができるのだろうか？ 造営官、都市計画家、社会学者、哲学者、芸術家、建築家たちはそう自問してきた。

ポストモダンのアイデンティティ危機のただなかにあった一九七〇年代の初め、建築家原広司は東京大学の教え子らとともに、構造主義のシシューポスよろしく、世界各地のコミュニティの概念をとことん探し求める風変わりな旅に出た。[2] 二〇年にわたって、ペルーから中国、イラン、イタリア、コートジボワールを経てモロッコへと新旧大陸の集落という集落をしらみつぶしに訪ね歩き、その発生と再生をあますところなく調べつくそうとした。[3] その執念深さや、厳しくも愚直な調査の進め方、やってもやってもきりがないものをやりつくそうとする、あくまで主観的な「完全網羅」志向が、いかにも日本的なこの美しい物語が残した果実、それは地球上のあらゆる集落を収めた一種の地図帳と、常軌を逸したコラージュとでも呼べるひとつの独自の「世界」を構築している建物数件であり、その最たる例が、古都の玄関口に出現した仰々しい渓谷のような京都駅ビルである。[4]この果てしない探求のおかげで、己の点描主義的都市観をいっそう強くした日本人建築家は少なくない。彼らによれば、コミュニティやアイデンティティは、家族の隠れ家である家、あるいは小型の自己完結的な建物の集合体[5]といったスモールスケールにおいてしか意味をなさない。ゆえに東京は、無数のミクロコスモス（小宇宙）となるのだ。

1 本書29「本質」参照。

2 原広司はおそらくバーナード・ルドフスキーの『建築家なしの建築』、すなわち、その地方固有の土着の建築に関する論文に影響を受けているものと思われる。原は数学の領域論に造詣が深いことで知られていることから、この調査のなかで行われるさまざまな秩序だった集団の分析には、原自らの建築学的教養と同じくらいに、この領域論への関心が影響を与えているものと私には思われる。

3 原広司著『集落の教え100』（彰国社、一九九八年）

4 ここで言っている建物は、きわめてモニュメント的ではあるが、たったひとりの人間、すなわち建築家が建築技法を一手に引き受け、つくり上げたコラージュであり、あらゆる都市をひとつのコラージュに仕立て上げる歴史の積層化の結果ではない。

5 こうして、原の教え子で建築家の山本理顕は、コミュニティの襞という形態を特徴とする多くの集合住宅を実現した。

匠の手仕事が茂らせた鎮守の森の木の下で

56 目録 Inventaire

群雲

目録とは何か？　さもなくば、ふたつの概念の肯定とはいかなるものか？　形而上学では、自然のなかには秩序が内在し、その秩序を列挙し、よりよく定義し、一貫性を把握しようとする人間の意志もまた存在する。そう語ったのは始祖アリストテレスを筆頭に、一冊の本のなかに全世界を収めようとした百科全書派、「名無しの昆虫軍団」[1]を分類したスウェーデンの植物学者リンネ、空気を微に入り細に入り観察したイギリスのアマチュア気象学者ルーク・ハワード、フランス人博物学者ラマルク、イギリス海軍提督ボーフォートらである。最後の三人は啓蒙思想の相続人にふさわしい偉大なる理性の詩人であり、ただひたすらに変容する雲の群れや、海軍提督の場合は風と海洋を計量化し、命名しようとした。水、気体、原広司の集落[2]、人間、動物、漫画の妖怪や化け物[3]の千変万化の世界に比べても、東京の総目録の作成はけして引けをとる仕事とは私には思えない。

1　E・エンガー著、相良守峯訳『大理石の断崖の上で』（岩波書店、一九五五年［原書は1939］）

2　本書55「集落」注3を参照。

3　北斎漫画のすべてが、この浮世絵作家の留まるところを知らぬ才気の現れであると同時に、一種の画像による百科事典でもあると考えられる。本書7「浮世絵」を参照。

原子

市中に出回っているお定まりの東京のイメージのなかに、「巨大なコラージュ」というものがある。いいだろう、でもいったい誰がどうやって、そのような状態に寄せ集めていると言うのか？　ドナルド・リーチは東京のことをもっと適切に、すべての大陸の風景のミニチュアをひとつの同じ場所に建設した、ディズニーランドの原型とでも呼べるものと言った。[4] この昔ながらの借用の概念にしたがって、都市もまた、日本庭園の見立ての要領で「景」のコレクションを形成しながら発展していくのかもしれない。[5] 簡潔かつ自由闊達にリーチはこのディズニー流風景建設の長い歴史を総まくりする。京都の最古刹のひとつで仏教の極楽浄土の山を再現した庭園のある神泉苑の名を挙げて、「こうして千年以上も前に、日本人はスペースマウンテンを発明していた」とした。このいささか強引だが、目からウロコが落ちる寸言が、一定の道筋をつけてくれた。この雲海のごとき構築物の群れは、完全に定量化と記述が可能であり、かなり簡潔かつ完結形にまとめ上げれば、東京のカタログ、あるいは索引ができ上がるのではあるまいか。基本原子のように、この都市の絵になる身体を形成している各種類型の表の下書きを作成してみよう。[6] 雑誌に露出している有名建築家らの手による、いわゆる「偉大なる建築」はメーキャップをほどこした顔にほんの一点か二点、書き足すつけぼくろのようなものである。

4　ドナルド・リーチ著 *Tokyo, A View of the City*, Reaktion Books, Londres, 1999. より正確に言うと、唐、天竺、日本の風景。

5　本書31「見立て」を参照。

6　歴史家・藤森照信、五十嵐太郎らの著作や多くの論文でラブホテル、パチンコパーラー、ホームレスの小屋、結婚式場等、都市の「土着」建築の豊かさを列挙し、描写する試みがすでに存在する。

東京という都市が沈殿してゆく過程において、原初の礎を築くのが都市エコロジーだとすれば、うわずみを取りのぞくデカンテーションの要領で原材料の目録を作成していくと、大原則がもうふたつあることに気づく。これが反復とユビキタスの法則だ。建築のつけぼくろを一つひとつ数え上げるのもいいが、それに負けず劣らず、この構造主義の点からも、私はこの都市に共感を覚えるのである。

原則

都市のヴァナキュラー（土着）建築

金属製の骨組みを軽量ＡＬＣ板で覆った単調な外装の低層オフィスビル。そのファサードはつるっと滑らかでこざっぱりとして、きっちり等間隔で開口部が設けられ、防水、疎水、塗装あるいはコーティングがほどこされ、鏡面仕上げの御影石のタイル、またはメンテナンスフリーのセラミックタイルが貼られている。それは大抵グレー系かベージュ系で、濃淡と色味がいく通りもあるが、いずれも微妙な違いしかないのでほとんど見分けがつかない。

「ファミレス」チェーンに「コンビニ」チェーン。ロゴと指定色と同じ陳列商品の繰り返し、これぞ都市ユビキタスの典型例。

ピカピカでにぎにぎしいパチンコパーラー。表通りのガラス面に、ドールハウスの断面図よろしく、平行の通路に博徒たちが雁首を揃え、すさまじい喧噪のなかを忘我の境地で紫煙をくゆらせながらパチンコ台にかじりつく姿を提供して通行人を呼び寄せる。パチキチの視線の先には、金属の球と勝利の予感がいつまでもいつまでも、いく筋もの軌跡を描き続けている。

商業ビル。クロムとステンレスで着飾り、シシカバブのようにレストラン、カフェ、バーを串刺しにして積み重ねる。その垂直の積層化は、昔から商売の王道とされてきた路面店に頼らずとも、通行人を魅了できる革新的な金儲け戦略の正しさを証明している。二階以上、あるいは地下でも集客が期待できるのだ。[6]

百貨店。郊外へ食指を伸ばす駅と切っても切れない仲にあり、基底部が地下に「食」い込んだシロアリの巣を形成する。そのスケール、密度、多機能性の点から、東京における唯一の本格的なコールハース式人工物であり、都心の数珠の主珠《おもだま》を構成している。[7]

バラック。建設したというより、組み立てたと言ったほうが適切な、機能のみを求めた結果であり、階段、トイレ、エントランス等のパーツを分かりやすく寄せ集めた成果物。ペンキあるいはニス塗装の板、あるいはモルタル壁、トタン製の波板で適当にこしらえたバラック。その塗装はささくれ立ち、モルタルはボロボロ、トタンは錆びついている。

家、家、家。木造の伝統的日本家屋は通りに面しては閉鎖的だが、裏側には縁側が設けられ、開放的なつくりになっている。そこには近年絶滅が危惧されている坪庭がある。もうひとつの絶滅危惧種、狭小で二階建ての商人の家は、一階の店先をガラガラと横滑りする木製の引き戸で開閉するので、すうすうと隙間だらけである。店の奥のどん詰まりにはプライベートな空間が一間だけある。そこは店よりも一段高くなっており、靴を脱いだ店の主人が鎮座ましまし、テレビを点けっぱなしにしている。卓袱台には急須と魔法瓶が置かれ、新聞と折り込みチラシも積み重なっている。納戸を開けると狭くて急な階段が現れ、ここから二階の住まいによじ昇っていけるという寸法である。一方、こちらは拡大勢力の住宅メーカーによる建売り住宅。ささいな差こそあれ、ほとんどうりふたつの棟を数百メートルにわたって並べ立てる（キロメートルの単位はアメリカ向けにとっておこう）。違うのは外側の飾りの部分だけだから、鳥類と同様、むしれば皆同じである。

団地。横に長い集合住宅、家賃は最低限。コンクリートブロックのように堅牢で効率的なゼロ度建築。北壁は何もない長い裸の横腹を寒々と晒し、南側には同じ長さのバルコニーが端から端まで渡され、そこにはいまだにお湯の出ない洗濯機が陣取っていることもある。手すりには布団が干され、主婦がそれをひっくりかえしたり、叩いたりしては、こまめに空気を通すかたわらで、生活に欠かせない情報を得ようとパラボラアンテナが片耳を澄ます。

アパート（英語の apartment が変化したもの）。前者の廉価版で木造二階建て。一部屋のみ、あるいは二間続きの間取りで、安普請、隣の音は丸聞こえ。学生がとりあえず、あるいはまだ恋人気分で、ほとんどを外で過ごす若いカップルが入居する。

マンション（これも英語に由来する）。寿司と同じく並から特上までバージョンが変化し、その社会的ステイタスは、ハイツ、グロリオ、ヒルズ、グランド、ロイヤルといった、それらしく聞こえるフランス語、英語、イタリア語の名詞や、エントランスホールとそれに隣接する待合室の広さと保安システムの複雑さによって確認できる。大理石を敷き詰めた玄関にはモダンな家具が置かれているが、大抵は来訪者もなく、非行といったところで、郵便受けをあふれさせる苛立たしい投げ込みチラシの猛攻が関の山という都市においては、高度な保安システムも嫌味なこれみよがしの役目しか果たしていない。

6 本書58「幽霊」を参照。
7 本書57「盛り場」を参照。

こうしたおびただしい造作物の背景に紛れて、野心的で志の高い建築家らが執念をつらぬき実現した名建築、別名つけぼくろが、いくつか気を吐いている。

建築

蜘蛛の巣

これは反復する物体の長大なリストでできている。

むき出しのあられもない姿の電線、電話線を電柱に引っ掛け延々と陳列した、べらぼうに長いこのポルノグラフィは、通りという通り、そして建築写真までも縦横無尽に切り裂く。[8]

個人経営の小規模ビルの屋上を飾るミニ神社にミニ鳥居、そしてゴルフ練習用ネット。

民間のゴルフ練習場。営利目的の事業施設であり、その青、緑、茶色のネット状の駆体は低層住宅の海から頭ひとつ分抜けてあたりを威圧し、この国には不在の大聖堂の代役を演じている。

一戸建て住宅や小規模ビルの屋上に降り立った時代錯誤のスプートニクといった風情の華奢なつくりの貯水タンクとあずまや、木の枝と熊手の混合物のようなテレビアンテナ。

商業ビルの側面や背面にへばりついた配管の五線譜。

でしゃばりの看板広告、鯱張った立方体広告、見かけ倒しの重量感が自慢のバルーンネオンが、都心の隣接する無印のオフィスビルや商業ビルをかえって引き立たせる。ビル本体にいかに絶妙のプロポーションで正面玄関をしつらえようと、いかに軽妙洒脱なタイル装をほどこそうと、頭に広告の冠を乗せた途端に、それは野暮臭い労作になり果てる。

8 画像処理アプリケーションの Photoshop が徹底的な削除機能を果たさないと、こうなる。

ケーキ&喫茶
ケーキ&喫茶

匠の手仕事が茂らせた鎮守の森の木の下で（ズーム）

57 盛り場
Sakariba

起源

江戸、そして東京には責任感を持った「市民」がおらず、ゆえに、この責任感をコミュニティ内で表明する公共スペースもなかった。[1]その代わりに芽生えた日本特有の都市形態が「盛り場」である。[2]江戸時代、三種類の空間が下町の範囲を限定していた。火事が頻発し、甚大な被害をもたらしていたため、災害時の火除地《ひよけち》として運河や隅田川両岸の橋のたもとに設けられた建物のないゾーン、橋詰め。門前町の寺社に通じるまっすぐな参道、一部はもっと幅のたっぷりした「広小路」。橋のたもとと聖なる道。過密な都市周縁部にあっては際立って広々としたこれらの空間は、最終集合地という機能以外に、近隣地区と一緒になって一時的、あるいは恒常的な商業、娯楽施設、大道芸、縁日、見世物小屋等にお誂え向きの場を提供し、しばしば、より非合法的な売春行為も華を添えた。つねににぎわっていたため、物理的にも、社会的にも、都市生活の主要な集合地を形成していった。幕府権力の厳しい社会統制を逃れ、大衆文化はここで奔放に咲き誇った。かくして、江戸の都市性はその東端で産声を上げたのである。

1　本書29「本質」の「市民共同体の不在」の段落参照。地域を統治する機能は存在するが、その表現は地区とインフラの維持に限定される（運河の清掃、道路や建物の維持管理等）。

2　盛り場の起源は、百姓たちが集合し、豊作を祈願した聖なる空間「社（やしろ）」にまで遡る。これが日本の多くの集落や都市形成の核となった。「Urban Growth and Planning (1868-1988)」（首都大学東京都市環境学部、1988）所収の、石塚裕道の英語論文 'Amusement Quarters Public Squares and Roads. Regulation of Tokyo' 参照。

周縁

西洋の公共スペースは、属国制あるいは代表制と切っても切れない関係にあるため、都市の中心部以外には形成されえず、しばしばそこのシンボルとして居座り続ける。しかし盛り場の性格はもっと曖昧である。ヨーロッパの公共の場と同じく人を惹きつける引力がそなわっているものの、変幻自在で決まった形がない。また、その規範を逸脱した性格から、当時の江戸市域の周縁部に置かれながらも、従来の都市生活における中心的な役割を担わされていた。現代の都市膨張と政治的変化によって盛り場は変貌を遂げ、アーバンファブリックのなかに取り込まれたものの、逸脱と周縁という当初の特徴は残している。樹木や柵で護られた寺社の参道は、都会の混雑とは無縁で、いまだに市が立ったり、祭りや行列が催されたりしている。荒川、多摩川、江戸川の河川敷は、横腹に築かれた土手のせいで野性味を帯びているものの、隅田川の橋詰めの後継者である。[3] 旧江戸東部の不法地帯は膨張する都市に呑み込まれ、その社会の周縁的な危うさを帯びた地位を失い、今や新たな娯楽街の核となった主要駅の不定形な複合施設にとって代わられた。これらのアンサンブルが印す新たな境界線は、昔の木戸門のようにはっきりと認識しがたいが、毎日何百万人という乗降客がその扉から乗り換えを行い、その匿名性によって人びとの行動の自由は護られているのである。

3　本書29「本質」参照。

中核とリゾーム

東京の都市ドラマにおいて、現代の盛り場は、先代が担ってきた都市性と社会的逸脱とを結びつける役割を残しているが、そこに都市のイニシエーター（複製開始因子）という別の大きな補完的用途が加わり、強化された。陣内秀信はこれを明確に現代の構成要素であると定義している。最初の核は戦前、駅周辺に現れ、路線と百貨店の発展と結びつき、複雑化した。すこし離れたところでは、あらゆる企業傘下の、あらゆる毛色のブティック、ゲームセンター、パチンコ、レストラン、バー、喫茶店がチカチカと明滅する星座を形成し、引力を及ぼすようになった。これらに負けず劣らず騒がせ屋の歓楽街が、おびただしい数の極彩色のセックスショップや各種のぞき部屋、ホステスまたはホストクラブ、あの手この手のマッサージサロン、ラブホテルを率いて参戦した。これらと対をなす、なくてはならない構成要素がオフィス街であり、そこから繰り出される消費者軍団は、星座のまたたきやネオンの誘惑にまんまと籠絡される。[4]

こうした都市イニシエーターが現代の東京に数珠状に散らばり、中核の役割を演じる。中核は鉄道の路線伝いに結節腫のように膨張し、郊外形成の露払いか太刀持ちの役を演じる。この発展はリゾームのように線的であると同時に拡散的に進行し、東京はますます不定形な都市としての性格を強めているのである。

4 Tardits (Manuel): "Initiateurs urbains, Gares et grands magasins" in *La maîtrise de la ville, Urbanité française, urbanité nippone*, Editions de l'EHESS, Paris, 1994.

58 幽霊 Ectoplasmes

ホログラム

東京の数珠を形成する主要駅は、都市中核としての役割以外にさまざまな楽しみを提供する。このモニュメントが根づかない、ヨーロッパ式の厳密に形式化された公共スペースをなかなか受けつけようとしないメトロポリスにおいて、「駅ビル」と呼ばれる触手のような複合施設は、それを取り巻く現代の盛り場に深く神経組織をはりめぐらせている。中心部が同じ経営母体の駅（地上線および地下鉄）とデパートで構成された駅ビルは枝分かれしていく。これを延長する形で長い地下商店街が続き、デパート自体も駅周辺に増殖し、駅はますます大型化する。

これらの複合施設は不定形で、氷山よりもシロアリの巣に似ている。なぜなら、地上露出部がそれを支えているはずの地下インフラよりも大きくせり出しているからだ。さりとて、デパート部分を縦に切って見れば、その垂直構成、すなわち断面図、つきつめれば来店客の動線には金儲けの黄金律が働いている。オーナーが違っても、展開方法はほぼ同じで、違いはわずかである。下から上に向かって、地下には「デパ地下」と呼ばれる食品売場があり、地上一階部は化粧品と一部の皮製品、二階、三階は婦人服、四階は紳士服、五階は子供服、子供用品、六、七階はさまざまで、高級品や工芸品が売られていたりする。ペットやペットフーズ、ケージに入れられたハムスター、爬虫類、クモ等々、さら

LARK
LARK

本物の旅人だけが、旅立つために旅立つのだ。いつの世も「いざ、行かん」と言い残して。（我らはやがて風景の方を動かすようになるだろう!）

には画廊、ミュージアム、レストランが最上階を占め、屋上のテラスが夏にはビアガーデンに変身する。

外側から見れば、これらの現象にはいかなる明確な形態も要らない。ファサードも、メインエントランスもなく、無数の小さなファセットと開口部があるのみで、そこから買物客も乗降客も呑み込まれていく。どこが主でどこが従かははっきり認識できず、むしろ時間の経過、および競争原理にもとづく需要と供給の増加につれて起こった集積と積層化の結果である。駅と周辺の商業地区との境目がはっきりしないことも、この形態、機能、ジャンルの混同に拍車をかけている。だから、あたりに美味しそうな香りを漂わせるデパートのパンや総菜売場に改札口から苦もなくいきなり入ることができたり、逆に、周辺案内図に表示されたローマ字と数字の組み合わせによる出口が、隣接する民間ビルのホールを経由する形になっており、そこを通らせてもらって改札口にたどり着くことができたりする。アクセスできる地点が増えれば、境界線はぼやけてくる。こうして新宿駅には五〇ヵ所を越える出口がある。[1]

穴だらけの領域、デパートは外と内との区別も曖昧にする。食品売場の陳列が市場の狭い通路を連想させるデパ地下から、ショーウィンドーと扉を構えた店が廊下にずらりと軒先を連ね、小路と見紛うばかりのレストラン階にいたるまで、屋内が屋外に見えたりするのだ。

そこには伝統建築のよさが、何倍にも拡大された複合施設に応用されている。ヒエラルキーのはっきりした構成よりも動線、形態よりも場が重んじられる。完成形の物体よりも三次元の虚像というホログラムのメタファーである。

1 大手町駅も地下街が同地区の隅々まで枝を伸ばし、ネットワークを形成していることを特徴とする。ここにもビルのホールに通じる出口が数多くあるが、ここには存在しない盛り場の地下インフラというよりも、トロントの地下街を彷彿とさせる。

存在しないビル

東京の懐には、別のタイプの建物も隠れている。それはヨーロッパの都市ではまったくと言っていいほど好まれない、クローンを積み重ねた「ペンシルビル」である。小規模の低層ビルで、レストラン、カフェ、ブティック等が入居している。思い思いの舞台演出をほどこした各フロアにはエレベーターで行く。チーンと鳴り、エレベーターの扉が開くといきなり室内、ということもしばしばだ。通常入口にある敷居は、ここでは上昇時間によってかき消される。安価な時間が札束で勘定されるスペースにとって代わる。ペンシルビルのうちのいずれか一棟を縦割りにして見てみよう。一階に寿司屋、二階に焼鳥屋、三階にインド料理、そしてさらに上に行くに連れて、ブラッスリー、カフェ、バー、居酒屋となる。

不在という意味では、ペンシルビルの同類にあたる一棟のビルが、建築家安藤忠雄を英雄に仕立て上げた。これも東京にある。ファッション集合ビルだが、ブティックは表通りからはほとんど見えない。いずれも建物中央のアトリウムの方を向いているか、かさばりや壁が入り組み、襞《ひだ》のように折り重なった配置になっているか、あるいは中二階等の変則的なフロアを設けることによって、通行人の視線に直接晒されないようになっている。店を一瞬のうちに消えて見えなくする方法はさまざまにあるが、それは外国人旅行者の金儲けの原理の常識を超えている。

右の二種類のビルが物理的にたしかに存在することは分かったものの、いずれもメタファー的には消失している。ただし、その消失のプロセスは正反対の発想にもとづく。ペンシルビルには建築家の意図は存在せず、ただ一フロアあたりの面積とビル屋外に着せた看板が命である。これに対して安藤のアバターは、施主のお墨つきを得た創造主の気まぐれによって、形態の役割を増長する一方で、機能との出逢いが起こらないようにするか、遅らせているのだ。

サイン

さりながら、これらの見えないビルが幸運にも存在できているのは、面積の希少さ、高価な土地、建築家の匠のおかげだけではない。実体のないホログラムの場合と同様に、こうした空間配置のなかに、形態の表現力よりも動線を重視する姿勢を読みとらねばならない。しかし、通りに直接面しているか否かが第一義のヨーロッパとはあまりにかけ離れたこの商業的アプローチは、公共スペースとの関係の認識方法の違いも浮き彫りにする。サービス業は人を惹きつける魅力を具えていなければならない。だが当地では、この吸引力をメディア手法によって伝播することを最優先する。商業地区の通りという通りを飾りつくしているおびただしい数の看板の強烈な表現力と反復性は誰の目にも明らかだ。だが、これと比べれば、やや時差はあるものの、同程度に重要で、やはり星の数ほどある新聞雑誌、ガイド、近年ではウェブサイトも大きな役割を果たしている。ここに江戸時代の旅行案内や地図に謳われた「名所」の伝統との因縁があらためて確認されるのである。[2]

東京にはずらりと居並ぶ名物建築の向こうを張って、存在感の希薄な「迷物建築」も幅を利かせ、形態学よりも位相学、つまりモノよりも場所が存在を強く主張している。また、道路に看板が林立し、実空間のなかに記号が物理的に反復しているだけではなく、記号が記号化されて、書物のなかにも増殖しているのである。ヴィクトル・ユーゴーが『ノートルダム・ド・パリ』で書いたのとは反対に、「書物は建築を殺さ」ない。それどころか書かれたもの、すなわち看板、印刷物、ウェブ上の仮想テキストは、形態と実体がはっきりしないこれらすべての幽霊建築（駅ビル／ホログラム、ペンシルビル／存在しないビル）とわれわれとの橋渡しをする霊媒《メディア》の役目を演じているのである。

2 江戸時代、日本人はひとりで、あるいは連れ立って、五街道を徒歩で旅する習慣があった。道程、宿、各種施設、見どころは地図の上に記されていた。各種名所図絵や安藤広重の東海道五十三次等の風景集は木版本や錦絵によって複製された。

公共

59 道 Rues

アメリカやアフリカの都市と同じく、東京の公共スペースはヨーロッパのものとは違う意味と形態を帯びる。そのため、東京にはじつのところ公共スペースは存在しないのではないかと疑うのは見当違いである。江戸の公共スペースは萎縮したまま大きく育つことなく、ゆえにヨーロッパの大通りや広場のように誰の目にもそうとわかるよう、力強い構成で、表現力豊かな都市形態として実を結びもしなければ、讃えられもしなかった。日本の都市は道とその変化型（小径、坂道、コリドー通り、裏道、商店街）の周辺に形成されてきたと多くの日本人および外国人著述家が指摘している。[1] 江戸は閉じられた単位（山手の塀で囲まれた広大な屋敷、下町のグリッドの断片、この断片自体も、より小さな区画に細分化され、木戸門で閉ざされていた。こうした低所得労働者の住む長屋は江戸だけのものではなく、フランス北部の「クーレ」、アメリカ北東部の「テナメント」がそれに当たる）で構成され、広場となる場所はない。

この文明化され、身分による住み分けが進んだ市域における公共スペースは、都市周縁部に追いやられた歓楽街に集約され、庶民はそこに行き、己を表現し、群れをなして気晴らしを行った。[2] 一方、政治はお堀の向こう岸の徳川将軍家の城のなかか、あるいは武家地の土塀の内側で行われていた。東京は明治の世になると同時にヨーロッパと交雑したものの、今日もなお江戸に多くのものを負っているのである。

商店街

東京の道に関して言えば、江戸から受け継いだ原型と、後年交雑によってできたいくつかの西欧の形態に要約される。いささか乱暴だが、日本においては、「商店街にあらずんば道にあらず」とほぼ言い切ってしまってもいいかもしれない。[3]グリッドの断片であれ、田舎道であれ、その目抜き通りは歳月を重ねるにつれ骨太となる。こうしてできた大通り商店街は東京を構成する地区や集落の中心地である。アラブの商業地区スークのように不定形な外観の商店街は、近年郊外で鉄道と直角に交わり、そこにローカル駅ができる。[4]交差は十文字が圧倒的多数で、星形はめったにない。なぜなら道とは、演出の場というよりも、むしろ通行するためのもの、あるいは地域住民が利用する空間であるからだ。[5]この単純な二本の紐の結び目には広場がなく、周辺に形成される盛り場とともに、東京という現代都市の真のパブリックセンターを形成しているのだ。ただの十字路が単細胞の原生生物ならば、そこに盛り場が加わると多細胞生物となるのである。

そもそも都市形態とは、明治の造営官が西欧諸国の都の大いなるフォルマリズムに寄せた憧憬がもととなって海外から取り入れた事物のうちに数えられる。その大抵の輸入元はヨーロッパとガーデンシティ運動が起った時代のアメリカだ。バロックの歪み装置にかけられ、一九世紀に変容を経た都市形態は、一九二〇年

1 たとえば建築家・黒川紀章は、伝統的都市計画においては、広場よりも街道集落の目抜き通りに最も重要な機能を与えていた。

2 本書57「盛り場」を参照。

3 「商店街」という言葉の示す範囲は、本来もっと曖昧であった。江戸時代に端を発するこの言葉は、商店の居並ぶ主要な通りばかりでなく、同じく商店のある裏の路地も含む、一本あるいは複数の道から成る地区を指した。こうした地区は今もなお生き残っているが、この用語は、一番の目抜き通りのほうをとくに指すようになった。

代の近代都市計画家、建築家らの興味の対象として引き継がれた。それらは東京にも識別できる。たとえば少数派ながらも軸、並木道、小規模の公園、「アヴェニュー」大に引き延ばされた商店街、そして戦後にいたっては、現代インフラの巨大ネットワークのなかに都市形態が取ってつけたように配され、さながら異物をさらし者にして、もてあそんでいるようである。

路地

商店街とは切っても切り離せないもうひとつの要素が路地である。それは丘の地相によって歪められているか、あるいはグリッドによってがっちりと固められている。なかでも曲がりくねったり、行き止まりになったりしているものは、ことさら人気が高い。その幅はときとして一、二間足らずで、中世ヨーロッパの小径やカスバ、スーク、フランドル地方のクーレ、マンハッタン、ダウンタウンの前近代的区画を彷彿とさせる狭小性を呈する。槇文彦が謳ったこの湿った「奥」、この迷宮さながらの地には、まだ人びとが住み、小さな商店や工房、そしてあの植木鉢とトロ箱の小植物園があるのだ。[6] 路地は長屋の親密性のなかにとっぷりと浸かっている。そのひとつしかないファサードが、たったひとつの狭い共用の裂け目を縁どっている。下町はその形態においても、また、近代式の単一機能性を拒絶する点においても、江戸由来のありふれた都市性の流れを汲んでいるのである。

4 このスーク、もしくはバザールの佇まいは、商店街が屋根で覆われ、「アーケード街」と呼ばれるようになると、いやがうえにも高まる。

5 この現象は注目に値する。道には名前がないことがしばしばだが、郊外の商業地区の大通りとの交差点はアメリカのストリップ通りに似た佇まいを持っており、名前で識別される。こうして交差点の基本的役割が証明される。

6 この小植物園が家からはみ出し、路地の両縁（へり）を占拠し、その消え入りそうな細さをますます際立たせるだけでは飽き足らず、目抜き通りの歩道にまで侵入してくる様は、勝手口のごたごたが玄関口にまで出てきてしまうのに似ている。

路地の魔力

「日本の通りからは理屈抜きの楽しさが湧き出してくる。それは五感、なかでも真っ先に目を愉しませてくれる」[7]。この商店街、あるいは路地が提供してくれる歓喜のことを多くの著述家が力説している。そこには変幻自在の空間が息づいている。それはヨーロッパ都市のコリドー通りとは似ても似つかないし、その石造りのコリドーさえも廃し、不定形の流動的な空間を重視する近代都市計画ともかけ離れている。この日本式の通りの同類は東アジア全域に広がっている。建築と構成によってひとつの形に凝り固まった美とは無縁の通りは、さまざまな商品、素材、サイズ、形態、記号の煌《きら》めきをふりまきながら、川のごとく流れる。この都市をゆく大河の流れは「絶えずして、しかももとの水にあらず」、そこを闊歩するおびただしい数の雑多な現代人の群れの自由のメタファーとして、その存在を主張している。

7 フィリップ・ポンス著、神谷幹夫訳『江戸から東京へ——町人文化と庶民文化』（筑摩書房、一九九二年［原書は1988］）（ただし引用文の訳は本書訳者が原文より訳）。

東京短歌

江戸の華　絶えて久しき　東都路は　物見決め込む　長椅子もなし

60 囲い
Enceintes

アン皮と網の目

明治の西欧化は、商店街と路地のカップルのうち、目抜き通りのほうだけを「アヴェニュー」サイズに強化し生きながらえさせたが、この両者は今日、銀座や表参道のような都心の商業地区ですこぶるよい関係を保っている。表通りでは高さ制限が緩和され、「アン皮」が天高くせり上がり、超高級ブランドを陳列するコリドー通りの装いを一新している。裏通りには、卑近な路地の不定形な網の目が、もっと知名度の低いブティックや店舗を絡めとる。

また、路地の現代版も随所で見かける。それは民間の宅地整備で、都市の一区画を碁盤の目状の規則的な形に切り分けたり（ただしやむをえない事情や地相に応じて変形される）、あるいは単に表通りから一本の行き止まりの私道を引き入れたりすると誕生する。もし大規模インフラがパイロットプランをおおむね遵守しているのであれば、細部に実現しないところがあろうがかまわない。都市の大部分は、これらの法の網の目にかからない極小の独立した単位から勝手に編み直され、密度を増していくのである。

ここに極まれり

消費社会、

細胞

山手地区に環状に分布する広大な武家地と寺社地は、過去も現在も街並に影響を与え続けている。コリドー通りの概念は、家屋やビルが壁や塀の背後にある住宅街の多くで今もなお生き長らえている。しかし、通りからもっと奥に引っ込んだ、とくに反都市的な大武家屋敷は、西欧近代主義の原則にしたがった緑豊かな大学のキャンパスや、広々とした区画の官庁街や、もっと最近では大規模団地にすんなりと生まれ変わってしまった。[1] しかし、こうした近代のカーペットの切れ端を構成する高層ビルや横長の低層ビルは、夏の湿気でむんむんする緑の空間のなかに南向きに、それぞれ好き勝手に配置され、隣接する道路システムと連絡することなく建設される。これらの大規模アンサンブル、団地の屋外スペースは有用だが、公共スペースの再定義にはいたらない。それらは囲い込まれたまま、住民の幸福のみに奉仕するのである。

1 武家地のように独立した細胞がもとより存在し、そのせいで公共との連絡が脆弱になるということは、日本において高層ビルや大型低層ビルによる都市開発自体が（欧米ほどに）とくに嫌われているわけではないということを示している。

61 広場
Place

広場

ヨーロッパ都市、あるいはその庇護下で生まれた都市の公共スペースをくっきりと際立たせ、美化している都市形態は東京にはない。「Place」の訳語、「広場」とは文字どおり解釈すれば広い、あるいは拡げられた場所のことで、物理的なサイズが大きいだけである。広場は存在する。その一部には動物の像が据えられていることで知られる。渋谷駅前のハチ公、六本木ヒルズの足下の石畳が一段せり上がったところに止まっているルイーズ・ブルジョアの巨大な蜘蛛。だが、こうした広場には正式な名称がなく、これを通称で補っている。だが、これはヨーロッパに倣って最近始まったことである。広場は面積が広いというだけで、所詮ただの通過場所、あるいは人でごった返した待ち合わせ場所にすぎない。集いの場としては、友人や恋人との待ち合わせや観光旅行の集合場所といった実用目的が主で、政治社会的集会は従である。たとえ今日、民主主義国家となった日本でも言論の自由のもと、政治家たちが交差点や駅周辺に止めた街頭宣伝車の上に立ち、群衆に向かって長広舌をふるったり、黒いバスに乗った右翼の運動家らが愛国的な口上をがなり立てたりするようになっても。広場に市が立つ気配もない。ビルのファサードの巨大な広告スクリーンで消費者の目を引き、その存在を知らせてはいるのだが。広場はむしろあまりのスペース、あるいは、ツチノコ状に腹が膨らんだ通りのイメージに近い、不定形な様相を呈する。[2]

一転して、広場が中国やヨーロッパ式のだだっ広さを追求すると、途端に凍りついてしまう。広場は市民のものというよりも権力のシンボルと化し、無人の空間となる。広大な都庁都民広場、あるいは皇居前広場がその最たる例だ。後者は広場よりもさらにがらんとしており、半分は砂利が敷き詰められ、残りの半分は芝生で覆われ、その名の由来である見えない宮殿の閉ざされた門に通じる前庭となっている。その門さえもシケインによって巧みに隠され、お堀のがらんとした眺めに突き当たった散歩者は欲求不満をつのらせる。皇居前と都庁前、このふたつの場所はいずれも日常的に利用する都市施設からは切り離されており、人でいっぱいになる機会はめったにない。

1 都市形態とは広場、並木道、大通り、軸線等、ヨーロッパ都市の公共空間の類型を示す。

2 東京、新宿、上野等の駅前広場は、その役割を競合する物および機能によって奪われてしまっている。東京駅や上野駅前は連絡通路、バスターミナル、空調設備に占拠され、新宿駅西口は地下のパーキングとロータリーのため、大きく腹をえぐりとられている。現代の数少ない広場は、一九二〇年代に形成されたものである。それらはしばしば川や運河をまたぐ橋のたもと、あるいは大交差点にあり、後者の場合、角ビルの切り落とされたコーナーがドライバーの視覚への配慮と審美的論理性への気遣いとをない交ぜにする。

62 屋上 Sur les toits

バビロン

幼いころ、バビロンの空中庭園のイメージに魅了された。そのように重力から解放された物体があるのかと不思議に思ったものだ。この庭園が星のものというより大地のもの、すなわち軽やかな天蓋というよりも重い煉瓦の塊で支えられたテラスの上に庭や石段を配したものであろうとは夢にも思わなかった。もうひとつの空中都市を東京のデパートの八階屋上に発見したときの驚きがこの幼年期の幻想を呼び覚ました。

超自然性

この日本製人工物、屋上庭園は盛り場、幽霊ビル、河川敷とともに東京という都市が提供する四大不思議のひとつである。庭園、カフェ、ビアガーデン、駐車場、ミニサッカー場、神社。地上の都市から独立し、空中に浮かぶこの静かな緑の層はいくつもの文化の影響が掛け合わされた奇妙な存在である。この屋上の空中庭園はじつのところヨーロッパの近代性と日本古来の宗教性とを併せ持っている。

多雨ゆえに屋根は切妻を旨としてきた国、日本にあって、ルーフバルコニーの概念にその起源を負う空中庭園は、階下にある百貨店とともに、いずれも外国から輸入された、東京の近代化の象徴である。さりとて、そのサイズと構成材料は舶来とはかぎらない。東京の密度の高さと緑の公共空間の希少性、それに日本人の自然観もそれぞれひと役買ったに違いない。これらのテラスはいずこも金太郎飴のように同じ要素で風景を再構成しているので、その様はほとんど土着的と言える。故意にそうしているのだから、そのデザインからは一個の完成された作品の趣はいささかも感じられない。これぞ伝統的な作庭法、「見立て」の神髄である。もっと驚くべきは、神社の縮小版、祠の存在である。神社とは往々にして村はずれの祭りと商いに結びついた空間を聖別化している。ゆえに屋上の祠は、八百万の神々に愛でられた自然と人に富む都市との間でしばしの瞑想へと誘う[1]。それにしても百貨店のディスプレイはなんと商魂たくましく、晴れがましいことか。その屋上はなんと天に近い村はずれであることか！

1 屋上の祠の多くは、ビル建設用地にもともとあった神社のレプリカをつくり、そこにご神体をお引っ越しいただいたものである。

NOBUMASA TAKAHASHI 2011.

ノリの東京地図 63

Nolli à Tôkyô

ローマ、一七四八年

イタリアの建築家にして地図製作者であったジャンバティスタ・ノリはローマを発見するための見事なツールをつくり上げた。それは一七四八年付のローマ市街図を配した銅板画で、啓蒙精神から借用した厳密さで彫り込まれている。グラウンドレベルに建物の輪郭が簡潔に描かれ、その内側にある廊下や中庭、教会にいたっては外陣さえも把握できる。都市形態を昆虫学者の明瞭さで捉えたものである。

東京、二〇一〇年

かのイタリア都市のように黒バックに白の輪郭の描画によって純化された東京の市街図は、都市形成の秘密をもわれわれに明かしてくれる。

間 64

Ma

沼

「で結局、その『間』とは何なのですか」。飽くことを知らないフランス人がまたひとり、私に問う。日本の空間と建築の奥意をたちどころに捉える名答を聞き出そうとしているに違いない。あいにくだが、その期待はまたしても裏切られるだろう。私はしばし間を置いてから、「間とは沼のごとし。ま、これは最も控えめな表現ですが……」と禅僧のように涼しい顔をして答え、相手を煙に巻く。よくよく考えると、「間」とはじつに多くの意味を内包しているのだ。[1]

不在としての間

日本の都市は、あらゆるスケールにおいて空間の併置と入れ子構造、すなわちひとつの細胞が別の細胞と半ば依存関係にあり、その細胞はまた別の細胞と……といった連なりで構成されている。畳の併置が間（部屋）を構成し、間が家を構築し、[2]その家は隣家との間に境界壁を設けずとも一戸の家としてなんの支障もなく暮らさせ、土地区画と丁の住所表示は位相学的な連続性にはすこしももとづいていない。そのような連鎖が多くの共犯関係を引き起こし、ひとつの都市をつくり上げているなんて、

3

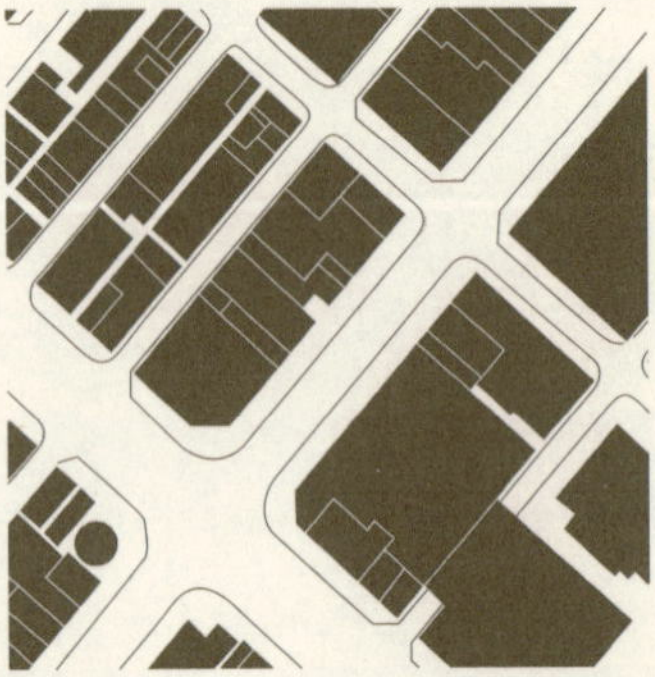

1

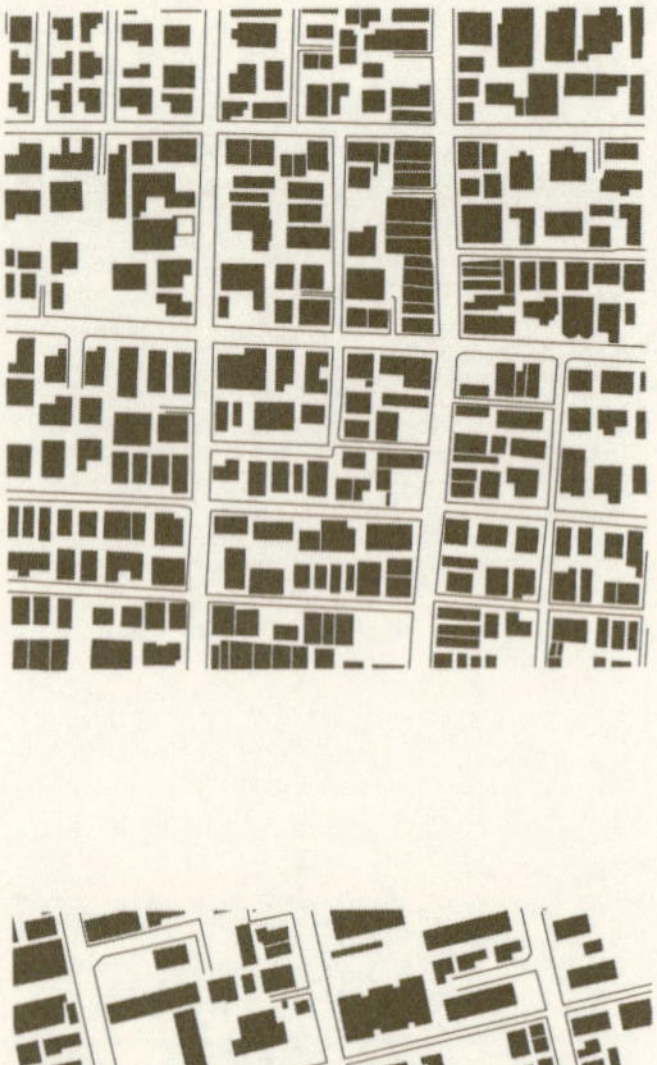

4

2

5

1 : Ginza1

2 : Kabukichou 1

3 : Asakusa 1

4 : Okusawa 4

5 : Aoto 5

0 50 200m

8

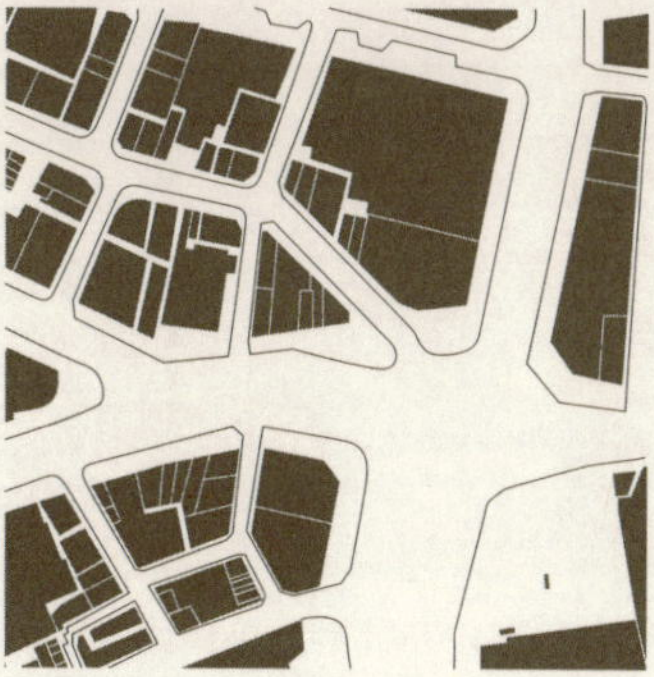

6

9

7

10

6 : Dougenzaka 2

7 : Ebisu-nishi 1

8 : Jingu-mae 1

9 : Heiwadai 4

10 : Mishuku 1

ちょっとした驚きだ。日本において空間とは、区切られた範囲ごとに認識され、その一つひとつの区域は、オギュスタン・ベルクが書いたように、すぐ隣り合った区域とは独立していると同時に切っても切りはなせない関係にある。[3]

意味と記号と主体の熱に浮かされた一九七〇年代の初め、磯崎新は多くの先達と同様、日本の空間認識の特異性を探求した。そして「間」とは不在、空白、空虚と理解され、磯崎流日本性[4]の中心概念となった。彼は「間」が「かん」と読まれることに着目し、この漢字の両義性を証明した。時の長さを表す「時間」、物理的な広がりを表す「空間」。こうして「間」は「時」と「空」の連合作用と自らの多義性により、ヨーロッパ[5]の概念と対を成して形成するにいたったのである。だが、磯崎は日本語の漢字がもともと有する高い膠着能力を巧みに利用していたにすぎない。彼は日本の空間の形而上学的本質をはっきりと定義していない。「空」にもとづく概念（しかも空間認識論ではなく宗教的思想）を西欧のより物質主義的な観念、すなわち空間の器としての建築物と対比するだけでよしとした。

1 本書66「意味」参照。

2 併置は廊下がしばしば屋外の坪庭に突き出して縁側に近い役目を演じている、あるいは町家のように側面に配置されていることから可能になる。

3 オギュスタン・ベルク著、宮原信訳『空間の日本文化』（ちくま学芸文庫、一九九四年［初版は一九八五年、筑摩書房、原書は1982］

4 ミュゼ・デ・ザール・デコラティヴ（装飾美術館）で開催された展示会「間、日本の空間・時間」日本人組織委員磯崎新、一九七八年。磯崎は後にこれを「日本的なもの（英語でジャパンネス）」と称した。日本人は「和風」と「日本的」とを微妙に区別している。前者はより様式的であると同時に、かつて西洋人が日本とはこういうものだと思っていた、そして今でもそう思いがちなものの見方を表す。後者は日本のものに内在する性質を描写している。

5 ジークフリード・ギーディオン著、太田實訳『新版　空間・時間・建築』（丸善、二〇〇九年［初版は一九五五年、原書は1941］）ギーディオンはやや端折り気味に近代西洋建築とこの観念との間につながりがあることを証明しようとした。

65 間隔
Espacement

導き

「間」が徐々に意味のずれを生じさせ、足跡をかき消していくとしたら、間隔の起源とはどんなものであろうか。伝統的な木造建築が柱と梁で支えられている日本においては、建物の柱と柱の間隔が基準寸法を構成する。[1] その同じ、空白部分が、西欧古典音楽の休止符、俳句の省略、あるいは武家屋敷の庭園の苔、玉砂利、あるいは池のなかに点々と道を示した飛び石のように、どこがつなぎ目かを示している。田舎道や山道のところどころに石を配して道筋を知らせ、「歩みを感知できるようにする、これがぽつりぽつりと離れて置かれた石の機能である」[2]。この韻律分析、微細な不在、転位からリズムや一体感も生まれる。これが「間」のねらいである。都市において併置の間隔は場と場のあいだの絶縁体というよりも半導体として作用する。

1 本書66「意味合い」を参照。
2 Ego (Renaud): *S'il y a lieu*, Centre Régional du Livre de Franche-Comté, 2002.

空間、虚空

この前近代日本の空間における間隔の観念は、中国道教思想家、老子「道徳経」の第一一章「無」

に関する教えの岡倉覚三による解釈と対立しているように思われる（岡倉は英語における「無」の対語として、空虚を意味する「vacuum」を用いている）。「彼（老子）はこう説いた。物の真の本質は空虚にのみ在する。たとえば、部屋の実質は屋根と壁で囲まれた空虚の空間に見出されるのであって、屋根や壁そのものの性質に見出されるのではない。水差しの効用は水の入る空虚にあるのであって、水差しの形や材質にあるのではない」[3]。この中国の哲学者にとって、無、あるいは空虚とは外壁で囲まれた家と同様、水差しのくぼみによって定まった容積によって定義される。これは日本中世建築においては空間の概念はなく、そのかわりに仏教における物事のうつろいやすさ、不確定性を意味する「虚空」があったとする篠原一男の説に呼応する非常に分かりやすいメタファーである。ただし虚空に関しては、老子の教えとは微妙にずれが生じる。虚空は虚（うつ）ろ、すなわち不確定であるが、水差しの壊れやすさが問題となっているわけではない。鉄瓶であろうと土瓶であろうといっこうにかまわない。水差しの本質はその容積分の虚空である。日本の茶室はもともと中国の禅の思想に結びついていたとは言え、容積、空間としてより、むしろ軽やかにして千変万化で不確定な平面を組み立てたものとして認識される[4]。

老子と一六世紀日本の数寄屋茶室の創作者たち、いずれも虚空の師であるが、両者のちがいは、水差しの素材と品質にある。亭主が茶会を執り行う部屋の基本的形状は、畳の枚数（四畳半が主流）の増減という単純な幾何学的変化の影響を受けるにすぎない。その一方で、壁と儀式そのものの洗練具合を自在に変えて、微妙な変化を出す。外国人とはいえ、こうした空間に慣れ親しんだ現代建築家の私にとって、そこに名状しがたいものは何もなく、むしろ、それらの空間は決まりごとと創意工夫との絶妙なバランスの果実だと感じている[5]。それを微妙にずらしてみる。プロポーションとサイズも変化させる。柱、梁、天井用木ずり、扉、窓枠、太鼓張りの引き戸に用いるさまざまな木材とその形状、仕上げ具合は面皮か磨きか、樹皮は剝くか剝かないか、砂壁の質感と色味、腰ばり、畳とその縁、生成り色の障子紙の原料と桟の種類とリズム。すべてが秩序立っているが、そのなかに遊びもある。

桂離宮など宮家の書院造りの別荘の無駄を削ぎ落とされた内装のなかにも、この「水差し」を美しくする、ありとあらゆるモチーフがある。襖の上の欄間、壁紙、金と墨による襖絵、果実、花、野菜を象った釘隠や襖の引手、格天井[6]などのモチーフ。すべて色と光が微妙にちがうだけで、壁の色がこのほの暗い間に照り返す。[7]水差しの窪みのなかを水が人知れず流れているのであれば、その水の味はやはり器の材質に左右される。茶道家は茶室のわずかに柔らかい畳の上に両膝を折って正座している。気の赴くままに外見を変えた六枚の内壁（四方の壁に天井と床面を合わせて）に囲まれて、外界から隔絶された世人の目の届かぬところで、ただひたすらに規則化された典礼を執り行う茶道家の所作はすべて意味があるが、その場で消え去ってゆく。

間隔としての間

虚空のプロポーションと素材の微妙な変化を追求する見本としての茶室を前にすると、水差しのなかの空虚の中国的概念をそのまま引きずった磯崎の仮説は色褪せて見える。[8]「間」とは囲まれた体積

3 本書6「借用」注5参照。ただし正確に言えば、老子の道徳経は「無」と「有」の関係を述べているにすぎず、素材との直接的関係に触れたくだりは岡倉がつけ加えたものである。

4 この解釈の仕方は、茶室の指図（見取り図）にも確認できる。すべての室内側立面が、まるで建具の厚みがないかのごとく、茶室平面の周囲に張り付けられているからである。

5 茶室とそこで執り行われる茶会は、室町時代に生まれ、桃山時代、茶人千利休（一五二五―一五九一）によってさまざまな規則が完成された。

6 茶室の屋根裏の小屋組はしばしばむき出しにされ、化粧屋根裏と呼ばれる。その名が物語るように梁、垂木、木舞に洗練された素材を使い、床、天井を含めた六面の内壁すべての施工に細心の気を配ることが確認できる。とは言え、天井の大半は簡素なままにされる。

7 こうして茶室はひたすら洗練を追求し、あたかも深山幽谷に結んだ隠者の庵のような簡素で素朴な外見を提供する。これはフランス王妃、マリー・アントワネットがヴェルサイユにつくらせ、従者らとともに羊飼いの娘ごっこをして遊んだおとぎの国の牧場、いわゆるアモー（農村）の趣向と通じるものがある。

分の虚空ではなく、ふたつの時間および空間のあいだの距離、つまり間隔なのだ。一方、虚空は空白、不在と結びついている。比較的新しい「空間」は中国と西欧、とくにドイツの概念に近い（フランク・ロイド・ライトは中国のそれに近いと信じ、断言していたようだ）。ふたつの空間および文化存在論は対立している。日本は静的で、四角く、水平方向に連なっていく間（部屋）を発展させた。それは「間隔」の連続にもとづくモジュールを自由に組み合わせて構成される。間が部屋だけでなく部屋と部屋の併置の間隔の拍子をとり、それが屋外にまで途切れることなく続き、家、宮殿、寺社中はおろか、庭に面した縁側にまで延長される。一方、西欧ではおもに合理的かつ階級化された空間構成に執拗にこだわるが、それはモジュールを構成せず、柱よりもむしろ取り囲むための壁に依存している。[9] 外と内との関係はこうしてつくることができるが、別々のままである。

　さて、空間対物体、すなわち空っぽか詰まっているかの議論に目を向ければ、日本と西欧の違いは歴然としているようでいて、じつはこれも曖昧ではないかと私には思われる。現代の東京はますます、欧州の都市以上にオブジェのコレクション的外観を呈してきている。一方、欧州の都市では大規模な施設がしばしば都市という舞台装置のなかに溶け込んでいる。しかし「間」は基本的に「いっぱい」の対義語ではすこしもない。「間（ま／けん）」はすでに述べたように複数の要素のあいだのつなぎ的な性格を有し、不在ではない。現代の東京には、江戸の街並とともに消え去った形態的均質性はなく、建物のばらばらな外観が「間」を覆い隠してしまっている。だが、その「間（けん）」は今もなお見えざる秩序として、しばしば都市とその建築にリズムを与え、両者を結び続けている。

8 本書64「間」を参照。

9 ヨーロッパにおいては古代より柱や付け柱をめぐる長く豊かな論争がつきないが、これは必ず建物の構成要素、構造体として壁との関係において語られねばならない。この論争の歴史が頂点に達したのは、二〇世紀現代に開花した鉄筋コンクリート技術に、重々しさを回避しようとする粘り強い意志と、キュビスムの多焦点図法の探求（同一人物を別の角度から見た顔をひとつの肖像画のなかに表象することは、われわれの現実の視覚体験ではありえないことである）とが結びついたときである。これはもっと最近のドイツに端を発する近代建築理論においては、スイス人建築歴史学者にしてCIAMの永久名誉理事ジークフリード・ギーディオンにとっての時間の圧縮とユークリッド空間の超越にほかならない。

66 意味合い

Sens

間（ま／けん）、畳（たたみ／じょう）

「間」の意味に立ち戻ろう。訓読みで「あいだ」、音読みで「けん」。「間（ま）」が真っ先に何を意味したかは判然としないが、おそらく物と物との間にある空間、あるいは隙間を指したのだろう。この「間（ま）」のもともとの意味に重なり合うような形で、後に「けん」という音読みがやってきて、中国から導入された仏教建築の柱と柱との間隔を意味するようになった。こうして「間（けん）」は二本の柱の中心軸の距離（約一・八メートル、地方や時代によって少々変化する）を測る長さの単位になり、新しいプロポーションと構成のシステムとして定着した。

後代、この構成の秩序に床面を覆う畳という競合相手が現れる。最初は薄っぺらなござに厚みが加わり、硬くなり、「間（けん）」とともに間隔を測るモジュールとなった。しかしこの共存状態を細かく検証すると、畳のモジュールと柱と柱の間隔の間（けん）のモジュールとでは微妙な幾何学的ずれがあることに気づく。畳の合計は柱芯間の距離の合計とぴったり一致しない。なぜなら前者は柱の芯まではなく、一番外側の縁の部分までしか含まないからだ。「畳」と「間（けん）」とをしばしば混同した西欧式解釈では、この基本的な約一〇センチの差に代表される日本の伝統的構築物が抱える根源的な曖昧さを乗り越えられない。間と畳。結局のところ、空間をどう理解したらよいのだろう。基本単位を構成する距離あるいは面積の連続の総計で理解すべきか、それとも抽象的で捉えがたい秩序なのか（なぜなら柱は一・八メートルごとではなく、三・六メートルごとに、あるいはそれ以上の間隔で設置されることのほうが多いから）、それとも床面に敷かれた具体的な畳で理解すべきか。ひとつの比較でこの論争に光を当ててみよう。ある家のリビングルームは、たとえば二五〜三〇平米といった具合に、通常その面積で定義されるが、教会の外陣（身廊と側廊）については、面積よりもむしろ、柱間、すなわち支柱と支柱との間の数と距離のほうが、その場の性格を理解するために重要である。大工は「間（ま／けん）」で数える傾向がある。なぜなら彼にとって重要なのは構造体を構成する柱間だけだから。一方、大家と不動産開発業者は柱と柱、あるいは壁と壁の間に収まった部屋の実際に使えるサイズのほうに関心があり、一般的に畳の枚数でものを考える。建築家はその中間で、両方を使い分ける。[2]

1 Engel (Heino): *Measure and Construction of the Japanese House*, Charles E. Tuttle Company, 1985.

2 この矛盾には歴史的な事情がある。江戸時代までは、部屋の広さを「間」で勘定していた。それは当時部屋の多くは板敷きだったため、大工仕事のほうが重視されたからである。しかし畳（たたみ）があらゆる社会階級のほぼすべての部屋に普及するにつれ、畳（じょう）による勘定に切り替わった。なお、この「じょう」という音読みは、主に面積の単位に使われるのであって、畳そのものに使われることはめったにない。

間と坪

「間（けん）」は観念的にも物理的にも明快な長さの単位である。一方、面積は畳で数えるか、坪で数えるかによって変わるため、混乱を招きやすい（坪は一間の二乗なので二畳よりすこし広い）。もうひとつ曖昧な点がある。その典型例は、江戸時代より前の中世の館の応接室、九間《ここのま》に見られる。ややこしいのは、ここでの「間（ま）」には「間（けん）」と「坪」、すなわち一辺の長さとその二乗である面積の両方の意味があるという点である！[3] この部屋の面積は一八畳あるとも言える。ただし、右で指摘したように、ここでもやはり幾何学的には少々差が生じる。九坪であれば、一八畳よりやや広い空間に相当するので、これが適当である。今日、「間」には「けん」の意味しか残っておらず、「坪」と照らし合わせることはない。しかし、この九間という旧い名称は、「間」がさまざまな変遷を経て今日にまでいたったことをしのばせると同時に、間（けん）と畳のふたつの勘定にずれが生じることをも思い出させてくれる。それは煉瓦と畳のちがいをも浮き彫りにする。壁にも床にも使える煉瓦はその汎用性により、装飾材と構造材のひとり二役を演じて空間のモジュールとなるのに対し、畳の秩序は床面だけを対象とし、木造の柱でできた構造体に秩序を与える間（けん）と競合している。ここで再び浮上してくるのが老子の水差しのなかの暗がりと日本の茶室の軽やかな小屋との対立である。前者の素材は煉瓦と同じく均一、後者はそれぞれの面が独立していると同時に互いにコーディネートされており、あたかもオーケストラのなかのさまざまな楽器のようである。

3 九間とは一辺が三間の正方形（一・八メートル×三メートルの二乗、すなわち五・四メートル×五・四メートル）の部屋で、面積は九間（ま）、すなわち九平方間（けん）であり、正確には九坪である。

部屋

後代の変遷において「間」は英語の「-room」に相当する接尾辞となり、別の名詞の後ろにくっついて部屋を識別する呼び名を形成するようになる。寝床のある部屋をベッドルームと呼ぶように、「茶」と「間」をくっつけて、日常生活を営む居間を「茶の間」と呼ぶようになった。とどのつまり磯崎新は、間隔、水差しのなかの見えない窪みの大きさ、虚空、部屋、空間等を皆、一緒くたに混ぜたものを、日本的なる時空間に拡大適用したのである。だが、なによりも先に、伝統的な尺と寸、畳（じょう）、間（ま／けん）とは、大工たちにとって矛盾の無い、単純で、理にかなったシステム活用の道具であ

Ma / 間

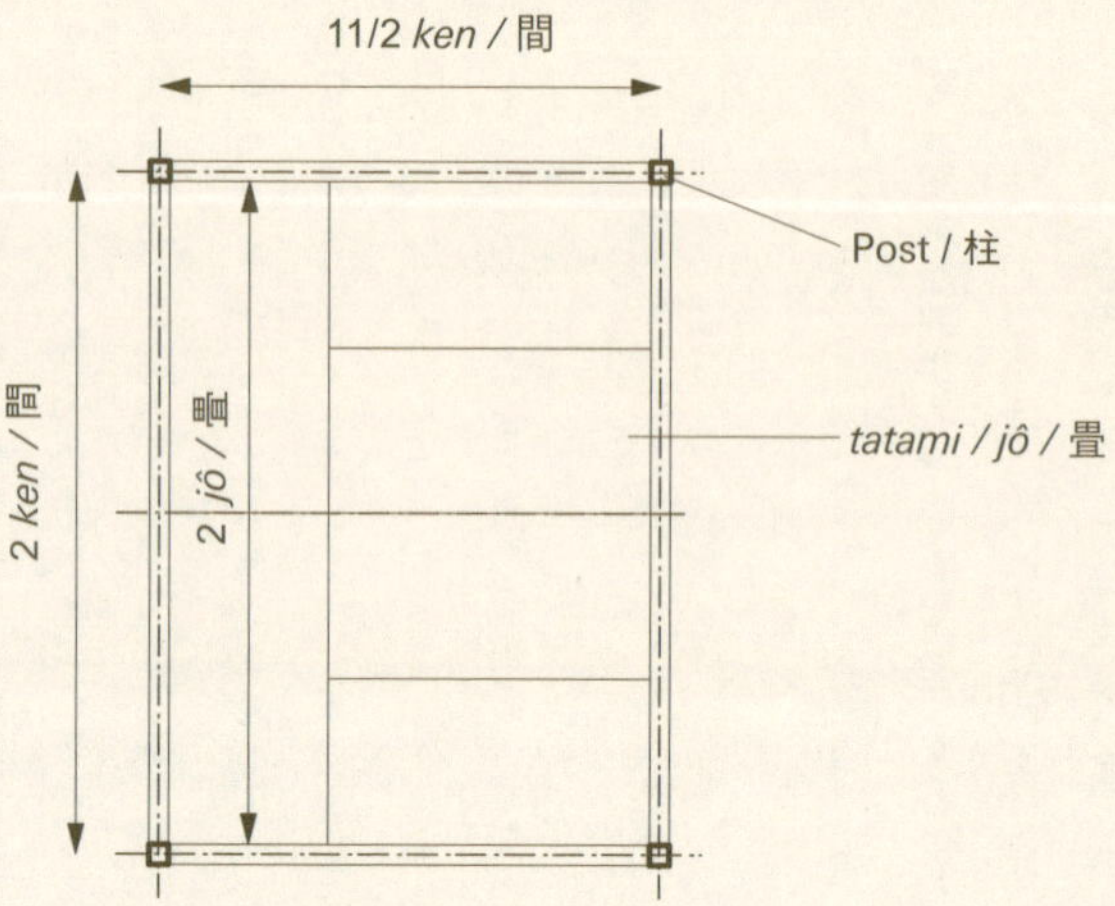

ma / *ken* / 間 *tatami* / *jô* / 畳

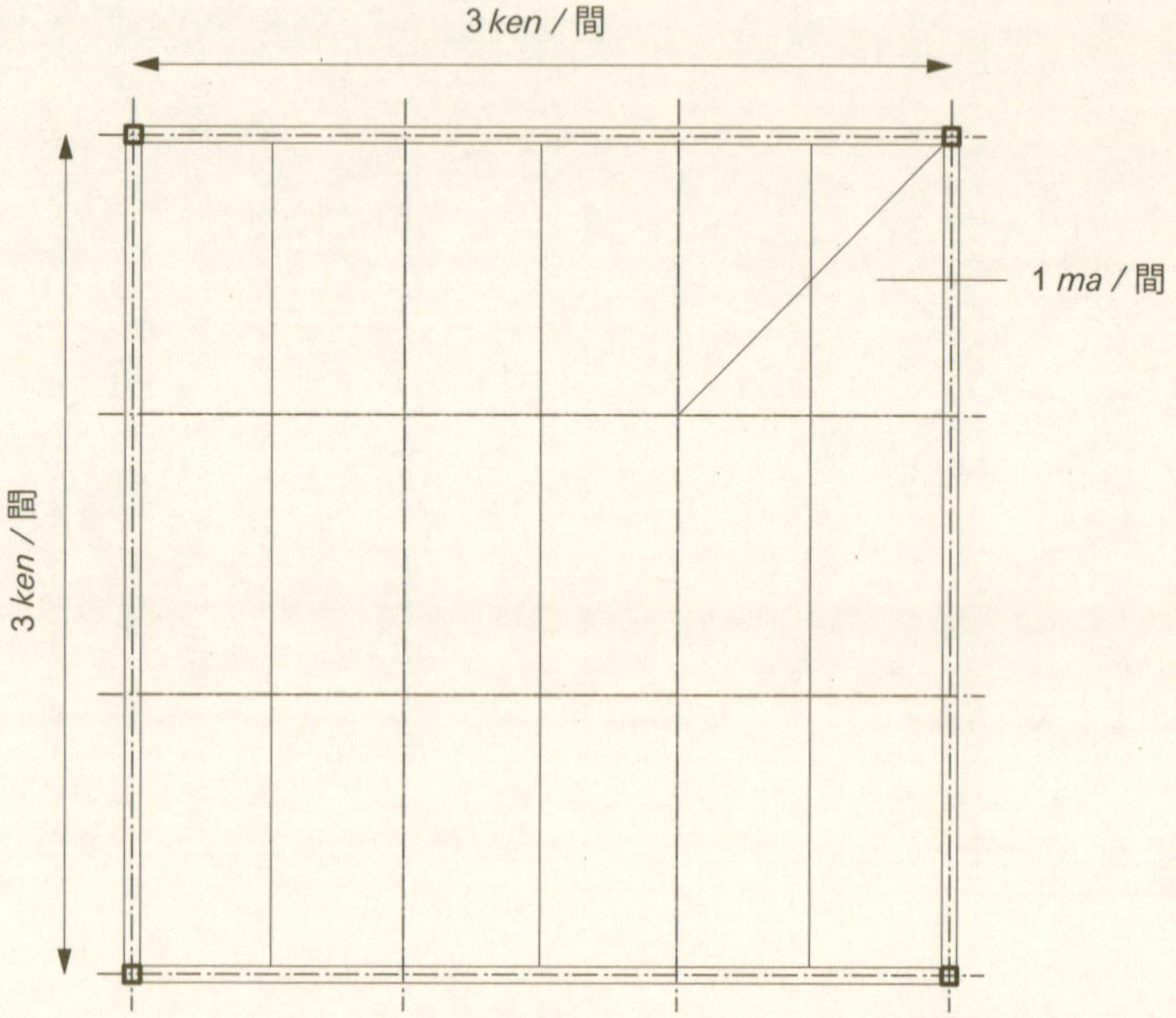

kokonoma / 九間

り、これらのおかげで大工は構築物を規格化し、管理し、実現できるのである。「間（ま／けん）」とは、磯崎流のかなり神秘的でぼんやりした概念というよりも、むしろ部屋や建物の実現に影響を与え、大工らを必然的に職業実践論と美学へと導き、それを彼らの体のなかに叩き込ませ、後代へと受け継がせていくものである。「間（ま／けん）」と「畳（たたみ／じょう）」のカップルは、日本の漢字のほぼすべてに共通する音読み、訓読みの二面性に乗じて、その意味合いをさまざまに変化させる。

人間

「間」は人と人とのあいだを意味する「人間」という言葉の構築にも参加している。哲学者、和辻哲郎が見事な剣さばきでハイデガーを斬り捨ててみせたように、「人間」とは、一個人がその人格を否定されることなく、仏教の虚空によって他者と結ばれている様を表す。一個人は社会のネットワーク、いわゆる「世間」のなかに取り込まれているのである。だが、このあやうい人格の均衡が水のように揺らぐと、人格は都会のなかの辺境地、盛り場や、町《ちょう》の奥深くや、いずこも同じ風景の郊外の無限のなかに埋没してしまう。

67 隙間 Sukima

隙間

この間隔の概念の化身の最新型は、都会のただなかに取り残されたものと思われている取るに足らないちっぽけな空間に寄せる日本人建築家たちの実利的関心である。現代日本の境界壁の不在は、建物と建物とのあいだに隙間とデコボコの不規則性をもたらし、地価の高さのせいで狭小の空き地が取り残される。そして一九九〇年代初頭にバブル経済が崩壊すると、都市の未開拓かつ極小の土地が潜在能力を発揮し始めた。これらの「裂け目」を利用する、あるいは欠けた櫛の歯を埋めるという行為は、取るに足らない瑣末な話題として見すごされがちのように思われるが、どっこい、「ペット・アーキテクチャー」[1]と称するミニプロジェクトにおあつらえの新たなる豊穣の大地を提供しているように思われる。だが皮肉にも、この都市の極小部分の密度を高め、境界や間隔を消そうという発想は、まさにこの隙間を語源とする「間（ま）」の根源的な概念に疑念を差し挟むことになる。「間（ま）」が嫌いな「すきま」なんてへんじゃないか？[2]

1 東京工業大学建築学科塚本研究室、アトリエ・ワン著『ペット・アーキテクチャー・ガイドブック』（ワールドフォトプレス、二〇〇一年）

2 「間」はころころとさまざまに意味を変えるのが常であるが、なかでも「隙間」が「間」の語源と推定される。

伝統 68

Tradition

過去

妹島和世は語る、「私は（日本の）伝統建築を自分と引き比べるためのもの、あるいは自分の手本としてとらえたことは一度もない。それは私の血のなかに流れており、私の内側から私に働きかけてくる。だから、いわゆる日本建築というものを分析するのは日本人自身ではなく、西洋人のほうだと思う」[1]。欧米では伝統とのつながりがきわめて希薄で、その点日本は特殊な存在だとよく言われる。それでは、イギリス、フランス、イタリア等々の都市や田舎の景観の多くを保護している美観に関する厳しい法規をどう説明したらよいだろうか？　米国人が祖国の薄っぺらな歴史のなかにすこしでも厚みが感じられる人工物があればそれを偏愛したり、皆と違うことをする者に対してときに攻撃的な行動をとったりするのをどう説明したらよいだろうか？[2]　インドや中国のように自国なりの近代にたどり着いた西洋以外の大国はどうなって

1 Spita (Leone): *Saper credere in architettura. Ventinove domande a Kazuyo Sejima, Ryue Nishizawa*, Clean, Naples, 2003.
妹島と西沢立衛に見られる一種の言葉のミニマリズム、すなわち寡黙さは、多くの日本人に共通した現象である。なぜなら日本における学びとはまねびであり、言葉による啓蒙教育よりも、所作の繰り返しを見て覚えることで伝えられていくことが好まれるからだ。もっとも、ヨーロッパの建築家たちも、過去との関係について頻繁に、しかも正面切って尋ねられたりしないものである。妹島、西沢の建築の日本的なるものは、小川洋子の小説に書かれた東京郊外のありふれた光景の描写と同じくらい、密やかで微妙であるように私には思われる。「アパートのベランダでは女の人がベビー布団を干していた。工業高校のグラウンドからは、金属バットの音が響いていた。ゆったりした春の午後だった」。

小川洋子著「ドミトリイ」、『妊娠カレンダー』（文春文庫、一九九四年［初版は一九九一年、文藝春秋］）

2 アメリカ人建築史家、クリストファー・カーティス・ミードは最近私にこう語った。ニューメキシコ州サンタフェでは正式に建築許可の下りた個人住宅の建設工事を住民らが実力行使で妨害し、様式に関する拘束力ある法規に違反することがたびたびある。こうして彼らは地元の有名建築家バート・プリンスの設計した邸宅の建設工事を、彼らの考えるこの土地の精神と過去

（プエブロあるいはスペイン系コロニアル式に関係する形態）にそぐわないとして邪魔したのである。

いるのか？　真の命題とはむしろこうであろう、それぞれの文化がどのような表現形式で西欧の文化を消化吸収し、手なずけてきたか？　万国共通と思われているものが、じつはハイブリッドであり、伝統が再び現れる。

カーニバル

一八七七年とは、日本に建築学科が誕生した年である。工部大学校（現・東京大学工学部）に造家学科が開設され、イギリスより招聘されたジョサイア・コンドルが造家学の講義を開始した。当時すでに日本は各種建築技術を海外から積極的に取り入れており、若者にヨーロッパで流行りの芸術および建築学の理論を学ばせることになった。こうして、「近代化とはすなわち西欧化なり」という強引な輸入のせいで、建築学の指標は見失われ、様式のカオスがもたらされた。ヨーロッパ、なかでもイギリスは一八世紀半ばから産業革命とロマンティスムの出現とともにルネサンス由来のすべての典拠が批判的に見直された。中世とゴシック様式が復権し、西欧以外の世界を知ることにより教義が相対化され、美の規範に挑戦状が叩きつけられた。人びとは何かにつけ、ギリシャ・ローマ、エジプト、イスラム、トスカーナ、ゴシック、果ては中国にいたるまであらゆる遺産を好き勝手に掘り下げた。イギリス人建築家オーガスタス・ピュージンは一八三六年から、この大いなる「建築のカーニバル」化を嘆いていた。これは四〇年後に日本にも上陸する。相反する概念と形態が波のように押し寄せ、ぶつかり合い砕け散るただなかに放り込まれた当時の日本の若手建築家にとって、このヨーロッパから来たなんでもござーるの折衷大バザールは、モダニズムと産業化をめぐる論争によって、さらに混迷を深めていく。日本の伝統と西欧との関係をどうとらえるかで口角泡を飛ばし、両者の間で逡巡するのも無理もない。やがて議論の行き着く先は、過去を恥じたり、これに疎外感を抱いたりするどころか、勝者のいない足下のぐらついた弁証法や不確かな論争の奈落に陥るくらいなら、いっそ実証済みの自分たちの拠り所を護ろうということになった。

一世紀後、このヨーロッパ発のカオスが日本で物理的構造喪失の不可逆的プロセスを引き起こした。それが現代の東京とその目玉建築の数々である。それは遠い昔、宇宙のはるか彼方でひとつの年老いた星が最期の時を迎える瞬間に放たれた閃光を現在のわれわれが目撃するのとどこか似ている。

69 空間 Espace

先駆け

一九三〇年代のブルーノ・タウトのように、桂離宮の空間構想のなかに一種の西欧近代建築の先駆けを見出すべきであろうか? 丹下健三は一九四〇年代からこの方向で多くの著作を残している。たしかに魅惑的な見方ではあるが、藤岡洋保と篠原一男はこの説を否定している。建築史家の藤岡は、この歴史認識には偏りがあると考える。伝統の概念が、つじつまが合うよう再構成されており、当事者間の利害が一致したことをうかがわせるとまで語っている。つまり、ヨーロッパのモダニストは、歴史に前例があることを根拠に、己の考えの妥当性を証明できたことを喜び（これはブルーノ・タウトの視点）、一方、日本の若手建築家らの胸中では、先達の権威から逃れたいという欲求と新理論への真の興味とが入り交じっていた。己が西洋と互角である、あるいは先駆者でさえあると主張するために、日本のプシケを肯定し、中国文化圏の傘下から逃れようとする意志が生じたのである。[1]

篠原は洞察力に富んだ考察をしており、外見とは裏腹に、日本建築の書院造、数寄屋と西欧近代の空間構想との間には決定的違いがあると強調する。前者は篠原の目には静的に見え、後者はダイナミックに見えるのである。こうした日本の部屋のなかでは、石造りの重厚な壁の代わりに軽やかな土壁で間仕切りがほどこされ、床は畳敷きか板張り、あるいは土を叩いた土間になっており、しかも、これらの機能は時とともに変化する。屋外や続きの間、あるいは分割された部屋との関係はつねに正面から見据えた正視画法的であるのに対し、ヨーロッパでは透視画法的および／あるいは加算的アッサンブラージュである。四角い部屋に入り、決められたとおりの動線上を移動して、畳に正座する。西欧の住まいで距離を置くために設ける廊下も、縁側以外には存在しない。この外周部に張り出した廊下兼ベランダが庭との媒介役を演じる。時の流れにつれ、その機能は変化する。移ろうのは時であり、空間ではない。これに対し、キュビスムの原理と相対性理論の影響を受けたヨーロッパの時空間認識にもとづく近代空間は、人に部屋という部屋をすいすいと自在に歩き回らせ、視点を変えさせているのである。

1 藤岡洋保著「ル・コルビュジエと日本の建築家たち」、『ル・コルビュジエと日本』（鹿島出版会、一九九九年）所収。別の日本人建築史家・内藤昌も桂離宮に関して卓抜した著作を遺している。彼はそのなかで、徳川三代将軍家光が、手入れもされず風雨に晒されるがままになっていた桂離宮の再建を財政面から支援したと語っている。これは、桂を褒めそやし、その対極として、同じ家光が祖父家康の亡骸を安置するために建立させたけばけばしい日光東照宮を挙げてこれの評判を貶めたタウトの一義的な日本建築の解釈をあざ笑うかのようなエピソードである。東夷（あずまえびす）は質素な桂とこれみよがしの日光の先祖の墓のどちらにも資金を出す力があることを示したのである。

流れ

モニュメント性はなく、左右非対称の構成で、中廊下の介在なしに部屋と部屋とが併置され、建物の配置はサイコロの五の目型あるいは桂離宮のような雁行……と聞けば、建築史家・井上充夫が擁護した、歩き回って発見したくなるようなダイナミックな空間の連なりを思い浮かべる。[2] ところが、これらの建物の配置からわれわれが何を読みとるかと、それがもともとは実際にどう使われていたかには根本的に違いがある。当時の規則化された所作と厳しい身分制度によって、どの動線をたどり、どこに座るべきかが厳密に規定されていた。[3] だから実際のところ、近代の人間のように自由自在に動き回る余地はほとんどなかった。タウトの近代的立ち位置も反映した井上の空間・運動の認識は、おそらくかなり固定観念にとらわれたものだっただろう。これは篠原の指摘を確認する傾向にあると言えよう。

2 井上充夫著『日本建築の空間』（鹿島出版会、一九六九年）

3 歴史家・松崎照明氏によれば、当時の武家の子息らは、起こし絵図に人形を配して、移動の仕方や身分に応じた位置を茶会の前にすべてひととおり学んでいたという。

横と縦

家の伝統的表象空間の配置は水平を基本とし、併置された部屋が奥へ奥へと連なっていくものであった。八世紀の唐文化と一二世紀の南宋から輸入された禅が垂直の理念をもたらす。ところが、奈良の古寺や法隆寺の堂塔は、たしかに空に向かって伸びているのに対し、それより四世紀新しい中世の二階建ての金閣、銀閣は周囲の景色をぐるりと俯瞰するパノラマビューを提供する。前者は上昇し、後者は下降するのだ。一六世紀末、天守閣が盛んに築かれるが、これもまた一〇〇年と続かない。いずれにせよ、その軍事的機能は、ほどなく到来する徳川天下太平の世の下で単なる権威の表象と化す。

この上昇運動は大陸的なもので、例外的であると言えよう。もとより軽い日本の建築は、キリスト教の大聖堂、イスラム教のモスク、中国の堂塔や宮殿、エジプトやコロンブス到来以前の南米のピラミッド、インドやインドネシアの霊廟や寺院のなかに見出されるような超絶性を追求しない。また西欧建築が何世紀もの間、ひたすら昇天を希求したように、重力から逃れる試みもしない。古代ギリシャにより近く(と私には思われるが)、日本建築は地面に簡素にしつらえられて、八百万の神々が宿る自然と人間との和やかで慎ましやかな関係を讃えているのである。

70 建築家 Architectes

コンドル、伊東

江戸、そして東京には何世紀も前から、江戸城、もしくはその名残の城郭が満々と水を湛えた濠から傲然とそそり立ち、神社仏閣から茶室、商店、蔵や倉庫、飲食店、庭園、銭湯、劇場、商人や職人の家、武家屋敷はもちろん、幕府および帝国政府の役所にいたるまで、ありとあらゆる造作物があったのに、日本には一九世紀末まで「建築家」は存在しなかった。この曖昧な虚空を埋めたのが、工部大学校造家学科で英国人建築家ジョサイア・コンドルの教えを受け、一八八五年ごろに輩出した「造家学士」第一世代である。[1]彼らはこの国の物的、文化的アイデンティティをめぐる国民的論争の盛り上がりに応えて養成された。ここで根源的な問題が生じる。「Architecture」という言葉および概念をどう訳すべきか？　さまざまな変転を経た末に、建築史家・伊東忠太が一八九二年、東京帝国大学の卒業論文において、「建築」という語を充て、以来これが定訳となった。この訳語をめぐる問題の考察は一見、言語学的な御託を並べているにすぎないと思われるかもしれないが、じつは深遠な存在論を反映しているのである。

この国にもともとあった長い「作事」の伝統とその言葉が伝える空間概念には、西洋の油絵や古典音楽のように、国が広い外界に向かって扉を開こうとしている一九世紀末において、舶来の手本に頼らずともその時代の日本を表現できる独自の様式が存在するのだろうか？　そもそも「近代性」自体が舶来なのだから、いっそ形も意味もひっくるめて、手本を海外からそっくり輸入してしまったほうがいいのではないか？　仮に輸入に諸手を上げて賛成したとしても、当の輸入元のヨーロッパでは過去の建築様式をいかにして今の世を生きる人びとの生活条件（工業化、都市部の発達、人口増加とそれに伴うニーズ）に適合させるかという論争が激しく渦巻いているではないか。この、建国史上稀に見る大いなる混沌と激動のなかから、明治の新しい建築家は何を選びとり、いかにして日本の作事の伝統との絆を確立すべきだろうか？

1　イギリス人建築家ジョサイア・コンドルは日本政府のお雇い外国人として一八七七年に来日し、工部大学校（現在の東京大学工学部）に開設された造家学科にて、日本で初めての造家学講義を行う。教える相手は自分とさほど歳の変わらぬ日本人学生である。コンドルの教えを受けた造家学士らは一八八五年ごろ、建築家第一世代として活動を始め、その後数十年にわたり、西欧の折衷主義を色濃く反映した建物をつくり続けるが、じつのところは、歴史主義の要領でヨーロッパの各種様式の都合のよいところを取ってつなげているにすぎなかった。逆説的だが、コンドル自身は日本の伝統建築の質の高さや、それを取り巻く環境を褒めちぎっている。教え子たちには己の伝統を再認識させようと仕向けたつもりだったが、それに失敗したわけである。

ライト、レーモンド、タウト、その他

この論争が新たな展開を見せるのは、一九二〇年代になってからである。より若い世代の建築家らがヨーロッパを旅し、ウィーン・セセッションの日本版、分離派建築会を一九二〇年二月に発足させる。一九一九年には、チェコ人アントニン・レーモンドがアメリカ人建築家フランク・ロイド・ライト事務所の帝国ホテル担当スタッフとして来日する。かくして、コンドルの導きのもとに折衷主義を叩き込まれた辰野金吾や伊東忠太といった先輩建築家らが三五年前に引き起こした論争に新局面が訪れる。レーモンドはライトのもとを離れた後、吉村順三と妻ノエミに支えられ自ら事務所を開設し、そこに一九三〇年、ル・コルビュジエ事務所から帰国した前川國男を加え、同時代にカリフォルニアに移民したオーストリア人ルドルフ・シンドラーとリチャード・ノイトラに匹敵するような英雄かつ伝道者の役割を果たすのである。[2] 現代建築運動に通じたヨーロッパ人として、彼は日本に腰を落ち着け、一九二三年の関東大震災より三年後の一九二六年には、日本初のコンクリート造住宅を建設している。日本にはない新しいアイデアを導入しながらも、この地に根を下ろそうと心を砕いた。シンセシス（統合）の理念がレーモンドの心に芽生えたのはこのころである。こうした彼の着眼点は、日本の建築家らの間で広く議論の的となっていたが、これが真に説得力を持つにいたるのは一九三〇年代、ドイツ人建築家ブルーノ・タウトが日本にやってきて綴った、かの有名な言説が世に出てからであった。そこには、万事を自分の都合のよいように解釈しようとする姿勢が透けて見えるのだが、タウトは一七世紀初頭

2 ライトは自分の事務所で働いていた者を各地に派遣することにより、ヨーロッパとモダニズム勢力圏の西端との間でまさしく中軸役を演じた。かくしてシンドラーはカリフォルニアに、レーモンドは日本に、グリフィンはオーストラリアに送られた。一九二二年、東京のかの有名な帝国ホテルの建設を終え、他にもやや知名度の低い施設をいくつか手がけるが、ライトは日本人自身よりも西欧流のオリエンタリズムを強く打ち出していたように思われる。そして、一九二〇年代末になるとヨーロッパのモダニズムへと道を譲った。前川などの建築家がヨーロッパから持ち帰ったモダニズムに反発した日本政府が推奨した国粋主義様式のなかにライトの影響が最も色濃く感じられるのは皮肉なことである。

の素朴な書院造りである桂離宮と茶室のなかに西欧近代主義の先駆けを見たという。それは簡素さ、自然素材の起用、間取りの自由さ、構造と間仕切りとの区別、畳をモジュールとして繰り返す方式により部材の工業生産が可能、といった点を挙げている。[3] すでに述べたように、このタウトの見解には一部誤解があるものの、その誤解が二〇世紀の建築家らに豊かな実りをもたらすことになる。

3 ここまで一面的で美化した現実の読みとり方ほど不可解なものはない。ただしタウトはこうも述べている。現地の事情が頭に入っていれば、世界の何もかもが一様にモダニストであるという単純な同一視にはいたらないはずである、と。

堀口、村野、谷口、その他

建築の現実はさまざまで、理論も次から次へと出る。それらが一緒になったり、対立したりして、明治時代に輸入された折衷主義の袋小路からようやく脱出する。だが、折しも日本は中国に戦争を仕掛けている最中であり、イコノロジーの刷新をめぐる論争にも国粋主義が暗い影を落とす。だが、この近代と保守とが対立する二〇世紀前半の曖昧な時代に、伝統は特定の誰かの物ではなく、皆の物であった。論争は様式をめぐるものに集中しがちであったが、新世代の建築家の出現は大きな関心の的となる。明治、大正の時代を彩った折衷主義がもはやお呼びでないとしたら、保守派が奨めるとおり、旧い形態をコンクリートなどの新素材でコピーするだけでよしとすべきか、それとも、堀口捨己がこのころから唱え始めたように、茶室の簡素なコンセプトを最優先するべきか？　近代派のなかではバウハウス式の単純化の傾向が、より造形を重んじるル・コルビュジエ派を抑えて主流となり、この新たな伝統との関係を実践よりもイデオロギーで主張した。彼らは一九三〇年代を通じてじわじわと勢力を拡げていくものの、保守的かつ国粋主義的反動によって終戦まで退けられた。

同じ堀口捨己が分離派建築会[4]とともに展開した表現主義、バウハウスの機能主義の影響、若いころにドイツ新即物主義（ノイエザッハリヒカイト）の機能主義的質素さの影響を受けたであろう村野藤吾と谷口吉郎のモニュメンタルで峻厳たる合理性、アントニン・レーモンド、吉村順三、坂倉準三、前川國男の叙情的ル・コルビュジエ主義。こうした諸々の動きに応えて、神道の社の壮大さを誇張したような大型公共施設の建築が一〇年間続く。渡辺仁の設計原案をもとに一九三七年に竣工した東京帝室博物館復興本館（現・東京国立博物館本館）がその一例であり、銀行、百貨店、オフィス、ミュージアム等の各種民間施設もあった。この「帝冠様式」は当時のファシスト体制下で政界を席巻した国粋主義[5]によって奨励され、文化のアイデンティティをめぐるはずの論争は、畑違いの政治イデオロギーの領域へとずれてしまった。

4　分離派建築会とは堀口が同世代のクリエーターたちと伝統に縛られない自由な創造性を求めて結成したグループである。じつはこの一九三〇年代から五〇年代にかけては、よく分からない点が無数にある。この時代のイデオロギー紛争の当事者となった建築家自身がしばしば変節しているのだ。厳格なはずの谷口が、戦争もとうに終わった一九六八年に上野公園内に竣工させた東京国立博物館東洋館は、あの「帝冠様式」の白眉とされる渡辺仁の東京帝室博物館復興本館から着想したものである。

5　一九二〇年ごろに表現主義を提唱した堀口はその数年後、同時代のル・コルビュジエの白い家に近い「ピュリスト（純粋主義）」様式の美しい家を建てている。モダニスト前川も一九三〇年代に国粋主義の臭いを放つプロジェクトをいくつか提案している。それぞれの建築家の歩んだ道も仕事もじつにさまざまであるが、日本の新たなアイデンティティ探しの旅はまだまだ続く。

ヒロイズム 71

Héroïsme

誕生

一九三〇年代初頭から終戦までは、多産時代が続くが、これは戦後の豊かさの予兆であった。もはやモダニティと対立するのか、無理矢理受け入れるのかといった観点からではなく伝統を解釈し、かつ、ヨーロッパで起こっている論争と作品に直に接し、深い知識と批判精神を持つ建築家が現れ、独自の建築が開花するのは一九五〇年代になってからであるように私には思われる。[1]道が二筋できる。公共施設と個人住宅である。前者の道を選んだ顔ぶれは前川國男、坂倉準三、吉阪隆正、吉村順三といった具合に、多くがル・コルビュジエ、あるいはレーモンドの下で働いていたなかで、前川の下で働いていた丹下健三がひときわ異彩を放っていた。[2]彼はポスト・ル・コルビュジエ的ブルータリズム（粗暴さ）を湛えた鮮やかなシンセシスをやってのけ、この時代の頂点に立つ。こうして実現したのが有楽町にあった旧東京都庁舎、香川県

1 ここでは戦前の作品の質が低いとか、某日本人建築家はこの時代のヨーロッパを訪れていないので、現地の事情が分かっていないとかを言っているのではない。それどころか、ヨーロッパで何年も働いていた者さえいる。それは最近の選集『日本の建築空間』およびここに挙げた建築家それぞれに関する本、そして建築史家・藤岡洋保の堀口捨己に関する著作を読めば明らかである。しかし、借用（模倣）と様式の交雑の仕方は、まだそのままであからさまなものが多い。それでもなお繰り返すが、この借用の概念は西洋ではしばしば侮蔑的意味を帯びるが、アジアではそのようなことはなかった。
青木淳ほか監修『新建築臨時増刊　日本の建築空間』(新建築社、二〇〇五年)
藤岡洋保著『表現者・堀口捨己——総合芸術の探求』（中央公論美術出版、二〇〇九年）

2 堀口、村野、谷口ら戦前に輩出した世代は、このころになると、以前よりずっとあからさまに伝統の再生を志向するようになる。伝統とは、日光東照宮の「バロック」から桂離宮の数寄屋にいたるまで、そして現代の影響も含め多岐にわたる。日本生命日比谷ビルと日生劇場（村野藤吾）、ホテルオークラ（谷口吉郎）等、この時代の鍵となる作品のいくつかは、彼らの手がけたものである。一方、レーモンドはヨーロッパの近代性と日本的なものをミックスした習合にこだわった。その代表例としてリーダーズダイジェスト東京支社（取り壊されて現存しな

庁舎などコンクリート打ち放しのモニュメンタルな大規模公共施設であり、一九六四年の代々木オリンピックスタジアムとそれが描く見事な双曲線であった。[3]

メタボリズムあるいは生命のメタファー

一九六〇年に粟津潔、川添登、菊竹清訓、黒川紀章、槇文彦、大髙正人らが掲げたメタボリズム（新陳代謝）のマニフェストは、利用者のニーズに応じて進化する建築を推進すると主張した。この生命のメタファーのなかには、ヨーロッパのように、近代建築運動がこのころインターナショナル・スタイルに舵を切ったのに対してチームX《テン》が起こした反乱の意味がたしかにあるのだが、もう一方ではほとんどスピリチュアルな側面も認められる。それは仏教の諸行無常にもとづくだけではなく、戦後の生命再生へのオマージュでもあった。

同じころ菊竹が一九五八年に建築界のトーテムポール、「スカイハウス」を設計する。この家は菊竹の自邸であり、ガラス張りの正方形のシンプルな箱が、コンクリートの壁柱に支えられ、空中に持ち上げられているだけだが、中世の金閣・銀閣、ル・コルビュジエのサヴォア邸、ミース・ファン・デル・ローエのファーンズワース邸と肩を並べるほどドラマチックで偶像的でさえある。この東京の構築物の偉業が建っている場所は、美しい枯山水の庭でもなければ、ミッドウェストの原野に囲まれた緑の草原でもない。それは質素な小屋での暮らしに憧れた自然人のアメリカンドリームを当世流に表現するための舞台装置である。戦争の悲劇と戦後の社会難、経済難を乗り越えようという日本人の夢と意志、そして高度経済成長期の新しい創造の楽天主義によって生み出されたこの家は、周囲に木

い）が挙げられるが、とくに重要なのは戦後建てられた一連の木造住宅である。

3　本書14「午後／夕」を参照。

造家屋が野放図に増殖していく様を雄々しく見下ろしていた。[4] それは一九四五年に物心両面で世界が瓦解した後に姿を現した、タガのはずれた都市メタボリズムであった。

4　この家の創作動機のひとつとして菊竹自身が挙げているのは、生家が戦後GHQにより財産を没収され、辛酸をなめた経験である。その結果、自分ではほとんど意識していないのだが、世に向かって自己主張したいという思いが表出してしまうという。

軽井沢の家（アントニン・レーモンド設計、1933）

前川國男自邸（東京、1942）

斉藤助教授の家（清家清設計、東京、1952）

スカイハウス（菊竹清訓設計、東京、1958）

家 72

Ie

家

ポストモダンはヨーロッパの都市加工方法を大きく変えたが、東京と日本の都市にその影響は及ばなかった。この不在は、明治時代に起こった変容によって可塑性が強調、増幅されていたせいもあるが、何と言っても公共スペースが政治・社会表現の場としてはっきり認識されたことが一度もないという概念上の違いによるものである。アゴラ（古代ギリシャの集会の開かれる広場）、フォーラム（古代ローマの市の立つ広場）、広場、公園、パリやウィーンの場合は城壁址にできた環状大通り……。こうしたものは江戸には出現しなかった。この公共表象空間が発達しなかった歴史が、私的空間、すなわち哲学者和辻哲郎が言うところの「家《いえ》」の概念の重要性を増幅した[1]。

西欧の中世都市住宅は、その機能性の低さゆえに居住と労働、家族と使用人と客人、私と公、内と外の空間の区別がなかったが、

1 和辻哲郎著『風土——人間学的考察』（岩波文庫、一九七九年〔初版は一九三五年、岩波書店〕）

2 たとえ和辻の訪欧以来、日本の都市が進化したとしても、この公共の表象の弱さは変わっていない。たとえば都庁前の大広場はただのだだっ広い空間にすぎず、夜も昼も、がらんとした大通りに囲まれ、新宿の繁華街からは遠く離れている。

この種の、実際の物理的な遮断性よりも象徴的側面のほうが勝っているバリアの例は他にもある。たとえば米国の都市近郊住宅の軽い扉、あるいはオランダのカーテンも閉めずに明かりが煌煌と灯った部屋などが挙げられる。なかは丸見えなのだが、都会人のたしなみで誰も覗かないのだ。

3 創建者、八条宮智仁（としひと）親王が「瓜畠のかろき茶屋」と呼んだこの田舎家は、一七世紀初頭には、将軍に一切の政治権力を奪われ、文化的活動で徒然を慰めた宮家の家長のささやかな隠宅にすぎなかった。しかし、この隠れ家の簡素でつましい外見は、亭主にとって同時代の重要な客人数多を迎える妨げにはならなかった。明治時代にここを管理する宮内庁から桂離宮と呼ばれたため、曖昧さが生じる。離宮といえば、中国やインド、西欧の城や宮殿のようなものを思い浮かべるが、その家のような規模からすれば、もっと別の類の住まいと引き比べるのがふさわしい。いくつか例を挙げてみよう。桂より規模や役割はずっと勝るが、ヴィラ・アドリアーナ。イタリアの別荘群、なかでもローマ近郊のルネサンス期の別荘、ヴィラ・デス

一九世紀、ブルジョワ家庭の成立とともにゾーン分けが出現する。

都市と家は互いを照らし合うメタファーである（都市は大きな家であり、家は小さな都市である）というイタリアルネサンス期のアルベルティの思想そのままに、現代西欧の集合住宅にはいまだにこの区別が生きている。和辻にとっても「（西欧の）都市は一軒の家である」が、西欧の集合住宅と日本の家とを対立させており、その違いは集団と個の関係の違いのなかにあるとしている。ヨーロッパのアパートメントはその名のとおり明確に外側で分離されており、階段・通路でつながった複数の家の様相を呈している。それらの家々の構成は、ひとつの都市のミニチュアのように、さらには都市の延長のようにさえ見える。すなわち廊下が道路で、入口と家族の居室が集団の領域、寝室が個人の居場所である。集団・公共空間と個人に帰属する寝室とは両極端に据えられ、対立している。一方、日本の家は垣根、格子戸、障子で囲われている。そのバリアは薄く、スカスカに見えるが、存外に強い。社会の暗黙のルールを守り、他者はなかまで入ってこないので、この軽さで十分なのだ。この軽さそのものによってしっかりと囲われた家の内部の分割と機能性は弱く、個人は集団からほとんど自立していない。部屋は隣り合って並び、襖か障子で仕切られているが、これはせいぜい詮索のまなざしを避ける効果しかない。まさにこ

テ。ヴェネツィア近郊のパラーディオ様式、あるいはトスカーナ地方のヴィラ。島国イギリスの別荘の伝統の模範例なコッテージ。これらが桂に最も近い造作物である。二〇世紀では、ル・コルビュジエによるパリ郊外のサヴォア邸、フランク・ロイド・ライトによるペンシルバニア州ピッツバーグ近郊の落水荘、ヨーゼフ・ホフマンによるブリュッセルのストックレー邸、アントニオ・ガウディによるバルセロナの住宅、これらの作品にも強い象徴性があるが、認知度は日本の桂の域にまでは達していないように思われる。カタローニャ州の文化プロモーションに使われたガウディをのぞけば、彼らの知名度は建築の領域を超えていない。パリのヴィクトル・ユーゴー邸、ヤースナヤ・ポリャーナのトルストイ邸、上海の孫文邸、バンコックのジム・トンプソン邸、はたまたメンフィスのエルヴィス・プレスリー邸などは、よく知られ、見物客も多いが、話の種に訪ねる程度にすぎない。他に特筆すべきは、おそらく建築家サー・ジョン・ソーンのロンドン自邸、あるいはアメリカ合衆国大統領になった建築家トーマス・ジェファーソン自邸、バージニア州ポプラ・フォレストのモンティチェロといったところであろう。

4 一八八五年の建築家第一世代はいくつかの家を設計したが、彼らが本当に関心を寄せていたのは公共建築であった（これは、公共スペースの概念が未発達であるという伝統を考えると、当時としてはかなり革命的なことであった）。家の重要作品が現れるのは、約三五年後の一九二〇年代になってからである。

5 藤森照信著『藤森照信の原・現代住宅再見』（TOTO出版、二〇〇二年）
一九二〇年代に始まる現代の家に関するこの著書の序文で、建築史家兼建築家の藤森照信は、この特異な状況のめぐり合わせについてよく説明している。家の設計は二流の仕事、あるいは建築構想の域外にあるとみなされるどころか、逆に西洋対日本の文化論争の主張や反論をするための特権的な場のひとつなのである。一九世紀末以降の現代西洋建築も家のボキャブラリーを刷新し、注目に値する傑作を数多く生み出し、しばしば日本の家づくりにも影響を与えている。さりとて、国による違いはあるにせよ、よその地では、家をめぐる議論がここまで文化や建築論争に深く根を下ろしているとは、私には思えない。

の、スカスカの内部で集団が結束し、受け皿であると同時に表現媒体でもある家のなかで孤立しているせいで、家の外がコミュニティの領域を意味しない、曖昧な領域になっているのだ。都市は家の寄せ集めに過ぎず、空間にヒエラルキーはないので、集団領域が公共空間で自己主張をすることもない。だから一建築家にとって、日本で家を設計することは、この、公共の意味をずっと欠いてきた都市性について意見を述べることである。

パラダイム

京都桂離宮のおかげで、日本は一軒の家が主要歴史的建造物のひとつとされている世界でも希有な国となっている。[3] 二〇世紀、米国とヨーロッパは名建築と称される家を数多くつくったが、日本だけが絶えず建築の革命を起こし続け、この分野が大ににぎわいになった。一八八五年の草創期以来、すべての世代の建築家らが、この他に類を見ない歴史を書き継ぎ、「日本の家」という高名かつ曖昧なパラダイムを打ち立てるのに貢献した。[4] 当地では、家とはユニークな様式の実践の場であり、さまざまな建築上の実験、そして都市と日本的なるものの見方を映し出す特権的バロメータなのである。[5]

進化

一九五〇年代以降の家の歴史と、家と都市との関係を三つの時期に分けてまとめてみよう。終戦直後、レーモンド、堀口、谷口、吉村、吉阪といった巨匠、そしてまだ若かりし日の清家清までもが、伝統とモダニティ、日本と西洋との関係を刷新し、とことんつきつめようと奮闘した。こうした形態の進化とは関わりなく、大抵の家はセミアーバンタイプ、すなわち庭園のなかの一軒家のままだったが、折しも庭園は猫の額ほどの坪庭に矮小化した。続いてアングスト（緊張）の時代が到来し、篠原一男が東京で、安藤忠雄が大阪と神戸で、当世日本の都市の狂乱、繁栄、新たな過密化に立ち向かうことで、「伝統対モダン」、「日本対西洋」の弁証法と決別した。そして現代、公私関係の社会的変遷を反映した「クール」が伊東豊雄とともに始まり、家のなかの個人の新しいビジョンを提供している。

73 家から
De maisons…

輸入と地域主義——エラズリス邸二号（一九三三）

自らの全作品集を編纂していたル・コルビュジエは、ある日アメリカの雑誌を見て仰天した。自分がチリのエラズリス家のために設計したものの、ついに実現しなかった家の企画が、日本でそっくりそのまま、ただし木造で実現しているのだ。結局、この家の写真は「苦しゅうない…」という皮肉たっぷりのキャプションつきで、断面図とともに「エラズリス邸」の挿絵として巨匠の「全作品集」のなかにちゃっかり収まった。この事件の犯人は日本で開業していたチェコ人建築家、アントニン・レーモンドである。このフランク・ロイド・ライトの元配下は、文字どおり、例の南米の家の見取図を「拝借」し、東京の裕福なブルジョワジーと一部の在住外国人のための山岳避暑地、軽井沢に建てる自分の別荘を設計したのである。[1]ル・コルビュジエへの敬意、ヨーロッパの近代性を輸入して、日本でこれを実物大に実現しようとする意志、伝統的な「見立て」に近い手法、[2]これらが相まって、この出自もでき栄えも誇り高い借用にいたったのである。だが、この作品は、家をひとつの消費材として捉え、これを様式のリージョナリズムで地域の趣味と状況に適応させた最初の実現例でもある。日本にはチリとは違って石材が豊富にないから、木造につくり替えよう、という具合である。[3]

1 レーモンドは後にル・コルビュジエにこの借用を詫び、寛大な巨匠はおそらく自尊心をくすぐられたことであろう。
2 本書31「見立て」を参照。
3 このように解釈されるものが自分の作品のなかに芽生えていたなどと、おそらくレーモンドは夢にも思わなかったであろう。これで金儲けをする気は毛頭なかったはずだ。適応させようとした。彼は何よりも近代性を日本の伝統と結びつけ、日本の伝統のなかにいまだに息づいている職人の技に敬服の念を抱いていたからだ。これを石崎順一は「木造モダニズム」と呼んだ。

二重生活——朝倉邸と岡田邸

一九三六年、上野にほど近い下町、谷中に彫刻家・朝倉文夫は自ら設計した自宅兼アトリエを建設させる。その二年前、堀口捨己は、一個人客のために岡田邸を実現する。[4]朝倉邸は前後ふたつの顔を持つヤヌス神か、二面性を持つ能面のように、片方が厳めしく閉鎖的で、もう片方が陽気で開放的である。施主は道路に面した側にコンクリート打ち放しのノッポの建物（こちらが厳めしい側）を配し、これにずっと背の低い、純木造の半身（こちらが陽気な側）をくっつけた。この木造部分は、鯉が泳ぐ池を配した日本庭園を取り囲んでいる。堀口が設計した岡田邸もコラージュの産物である。だが、ちょっと違う。朝倉邸が打ち放しのコンクリートを仰々しく使って西欧的外見を全面に押し出し、伝統あるいは日本的なるものと近代性というふたつの表現を対立させたのに対し、堀口は西欧的外見をさほど追求しなかった。ここでは白く塗装され、コンクリート造でありながら物質感はない四角いボリュームが、庇が大きくはみ出した傾斜屋根の木造建物とつながっていて、そこには畳敷きの和室がいく部屋かある。

朝倉の作品が好奇心をそそる一方で、堀口の作品は、たしかにふたつに分かれているのはわざとらしいが、和室であれ、洋室であれ、繊細な感情移入と巧みなデザイン力を証明している。この併置された二面性は最終的に建物のなかで解決するのではなく、さまざまな客間とつながっている庭のハーモニーによってうまく収められている。しかし、それぞれの構成方法と建築理論の習熟度にはばらつきがみられ、教育的なコラージュの原則が中心に据えられたままである。ふたつの現実が混ざり合うことなく並列している。これらの家の道路に面した側ではジレンマは消される。顔をのぞかせているのは片方のファサードだけだ。西欧の顔が朝倉、日本の顔が堀口である。明治の開国初期は折衷材料を落下傘方式で何の脈絡もなく投入したため、都市そのものが奇妙で、過去の記憶のない寄せ集めになってしまったが、今姿を現しているのは、アイデンティティをめぐる問いかけと戸惑いの曖昧な答えである。この、ふたつの文化を並べ両立させるための道具として家を使うという試みは、ある種の写真を想起させる。それは、当時の粋な男の外出の装いだが、羽織袴を着て、ある者は鳥打ち帽を、ある者は山高帽を、またある者はソフト帽を被るという、怪しげなダンディぶりである。

4 同時代に建てられた若狭邸は、その白く角張ったモダンな姿に曖昧さはすくなく、ずっと知名度が高く、解釈もしやすい。

家まで 74

En maisons

抵抗

チェコ人、アントニン・レーモンドは、日本のモダニティを見出した人物だが、カリフォルニアのオーストリア人、ルドルフ・シンドラーのように、その功績は長いこと日本と西欧で過小評価されてきた。[1] しかし、彼はまた、他者のうちに生きている伝統を発見し、それに魅せられた一外国人でもあった。だから伝統なのだ。ライトの配下は、このアメリカ人上司から芸術と工芸と建築の密接な重なり合いを愛するよう教え込まれた。それでこの中央ヨーロッパ人はこれらの構築物が「プレ・モダン」であるとほのめかした、というより、そう解釈した。もはやそれは明治時代の日本、教えを受ける日本、ピエール・ロティやジョサイア・コンドルや伊東忠太の日本ではなく、[2] 一九二〇年代に西欧に新鮮味あふれる教訓を垂れながらも、そうとは気づいておらず、そんな恐れ多いことは夢にも思っていない日本である。それはブルーノ・タウトに見出された日本である。それはまもなく過激化し、国際社会に己を認知させ、西洋と対等の扱いを受けることの難しさに失望し、一九三〇年代に再び政治的に孤立する日本でもある。[3]

公共建築は、同年代のヨーロッパに対して、そして奈良法隆寺や京都の中世の寺社といった日本建築の元型に対しても同様に、厳めしく、しばしばモニュメンタルな合理主義をひけらかす。一方、一九四〇年代の家は、前川國男、吉田五十八、山口文象のいずれの作品を見ても雄弁である。それらの家は、再評価された日本の文化、日本独自の風土を分析した思想家・和辻哲郎によって理想化された文化を臆することなく、かと言って、大仰に構えることもなく、じっと見据えている。[4] 最も顕著な特徴は水平性である。傾斜して張り出した屋根、それを覆う、反り返った重厚な瓦、国産素材の使用（大谷石、暗色の木材、紙、砂壁）、そして伝統色（白、砂色、黄土色、茶色）。優雅な出来ばえのこれらの家は、写真ではうまく伝わらない静謐な美しさを湛え、よくこなれたプロポーションと構成で、当時の都市背景のなかに無理なく溶け込んでいる。時代は悲劇の序曲を奏でていた。家たちもそれを甘受することになる。

反射

一九五〇、六〇年代は、家の位置づけを確定する。来るべき形態革命、文壇でのモーパッサン、チェーホフ、芥川、カーヴァーらと同じく、建築界の新たな雄、篠原一男のときの到来を予感させる、均衡のとれた特権的な時である。一九四五年の軍事的敗北の後、日本は政治、経済、社会、都市を再建する。だから家も建て直される。めざすのは基本的に時代の勝者、アメリカとその都市である。そこには歴史がない。だが、即物的な衝突、社会的衝突は大いにある。一方、日本は長い都市の伝統を有す

1 シンドラーが近代建築批評にあまり取り上げられないのは、もうひとりのオーストリア人、リチャード・ノイトラに歴史が味方をしたからであるが、レーモンドが国際的に認知されない理由はもっと複雑である。己の様式習合主義が邪魔をして、近代性の喧伝役に徹しきれなかったのは、シンドラーの場合と同じである。彼の作風がさまざまに変化するのは、おそらくヨーロッパ、アメリカとの距離のせいによるものだろう。エキゾチックな文化のなかに囚われた異邦人という立場ゆえの、作品の分類不可能さも災いした。

2 本書70「建築家」注1参照。日本建築に畏敬の念を抱き、日本人に対しては己の伝統をないがしろにするなと言いながら、自分はかなりゴテゴテした折衷様式の建物しか造らなかったジョサイア・コンドルのジレンマはいかほどだっただろうか。

3 中国本土に置ける植民地拡大政策を西洋列強国から非難された日本は、国際連盟を脱退する。

4 たとえこれらの建築家たちが、日本のナショナリズムを高揚させたこの思想家とは、政治的見解を異にするとしても。

る国である。戦争で破壊された東京を始めとする日本の多くの大都市が、経済の復興、人口爆発、過疎化の作用で、激しく変貌を遂げていく。

都市と建築にとって特別のときであった。なぜなら、明治ショックが大正の世、さらに一九二〇年代の終わりまで尾を引き、それに続く戦争、そして終戦直後のより曖昧で、しばしば内省的な時代の後、ヨーロッパの近代性を知る日本の家の建築家新世代は、アメリカニゼーションを通じて中西部とカリフォルニアの岸辺を見出したからだ。それはサーリネン、ミース・ファン・デル・ローエとケーススタディハウスの作品群。西洋世界最西端の太平洋を臨む岬に到達したモダニティの最後の化身である。このウエストコーストの模倣者たちは、現地で起こるさまざまな不測の事態を乗り越え、ミースの純化した建築を、工場で大量生産される素材を使い、カジュアルに再現した。[5]

書院様式がブルーノ・タウトのドイツ流近代の再解釈を通じて、世界漫遊の旅に出て、ミース・ファン・デル・ローエがドイツからアメリカに亡命し、カリフォルニアからの輸出が太平洋を渡り日本に帰ってくる。こうして二〇世紀建築界の大いなる照応のひとつが形成される。日本人建築家が西洋（イームズ、そして後のピエール・コーニッグ、クレイグ・エルウッドらの家）のなかに初めて（のように私には思われるが）己の鏡像を見分け、己の伝統がそこに入れ子になっているのに気づく。[6] 広瀬謙二、増沢洵、清家清、丹下健三、吉村順三、そして初期の篠原一男らは、いず

5
シカゴに移住したドイツ人で、近代建築の父のひとりとされるミース・ファン・デル・ローエは、中国、日本のアジア建築を己の目でしかと見ている。ウェルナー・ブレイザーの著書 *West Meets East – Mies van der Rohe* は、これらの影響が哲学、建築の両面に見られることをほのめかしておきながら、ブルーノ・タウトが一九三〇年代に発表した、書院、数寄屋、といった日本の伝統建築と近代性の予兆との関係に関する論文をミースがくわしく知っていたか否かについては一切触れていない。偉大なミースの評論家、フリッツ・ノイマイヤーもこの点に関して何も語っていない。ミースは何よりも先に、シンケルと西欧の古典主義の正当な継承者であることには変わりないが、日本に関してタウトが主張し、グロピウスに引き継がれた考えが、戦後のモダニズム運動の狭い仲間内で知られていないはずはなく、モダン派の感情移入は確かにあった。
Blazer (Werner): *West meets East-Mies van der Rohe*, Birkhäuser, 1996.

6
日本の建築家たちで一九五〇年代のアメリカ建築をその目で見られたのは、清家、菊竹、槇、谷口といったごく一部の例外にかぎられるが、現地のプロジェクトやコンクールは日本の業界誌に紹介されていた。だから、一種の共振現象が起こったと言えよう。これら日米の家、離れ家は、いずれも柱が見えるつくりで（素材はカリフォルニアでは金属、日本では木と金属）、柱間寸法をモジュールとし、実際に強い共時性、類似性が認められる。

れも見事な再脚色の手並みで、地面に軽やかにしつらえた離れ家の変化型を提案する。その質素さは、前の時代にはまったく見られないものだった。これらの家も都市背景のなかに文句も言わずに素直に溶け込んだ。それどころか、ゆるいセミアーバンの理想の境地、東京山手の屋敷町の大庭園にぽつりと佇む、侘びた離れ家の世界をずっと追い求めていた。だがそれも都市爆発とともに次第に消滅していく運命にあった。[7]

7 本章と前章のねらいは、日本の現代の家の歴史をあますところなく語ることではない。それはすでに述べたさまざまな理由から、語りつくすにはあまりに豊かであり、私のフィクション集の眼目でもない。ここではむしろ、家と文化と都市背景という三者の関係とそれらの変遷を一望し、その輪郭を描き出そうと試みた。また、白井晟一、池辺陽、宮脇檀といった一部のたいへん重要な建築家の作品が取り上げられていない。こうした問題をもっと深く論じた日本人の著作を多数文献として挙げたので、そちらを参照いただきたい。

75 永遠 Éternité

乱調

一九六〇年代の到来とともに都市化にいっそう拍車がかかり、一〇〇年前の明治時代に端を発する乱調が加速する。東京をはじめとする日本の都市は、その賞味期限のすぎた形態を捨て、「プログレッシブ・アナーキー」を採用する。変化のスピード、建物群の拡張と過密化は、もはや生活の質の向上や都市性の増進の証とは思われなくなってきた。銀座にほど近い日本の道路の起点、首都高に覆われた日本橋は、高度成長期のアンビバレンスの象徴である。これを楽観的に読みとれば、都市の新しい経済条件への適応とダイナミズム、悲観的に読みとれば、歴史の記憶の喪失、都市環境の劣化、乱調をきたしたメタボリズムとなる。家の建築現場は過激に反応する。西欧から輸入されたモダニティと日本独自の伝統との関係という、世代から世代へ引き継がれてきた論争を続けつつも、日本の都市の新しい現実に対して政治的、社会的な答えを出そうとしたのである。

アングストS[1]

口頭弁論とマニフェストの時代が始まった。篠原一男のアングストは一〇年後、野武士[2]のひとり、安藤忠雄に引き継がれる。篠原はアメリカ民主主義一辺倒の戦後日本の国際化をばっさり斬り捨てる。まず、伝統と向き合い、寺社、中世の館、民家といった伝統的な住まい、村とその空間構成を個人的に再解釈することによって時間を止めようとする。彼の構成の歴史主義的様相と抽象的な美は、日本が再び自分の歴史を忘れ経済復興に邁進した殺伐とした時代とは、息を飲むほど違う。

「白の家」、「大屋根の家」、「土間の家」。篠原が自分の家につけた名前自体が、コンセプトの明白さと時を超えた感覚を表現している。部屋、そして屋外に面した大窓のフレーミングの空間の安定性は、小津安二郎の映画の世界と似ている。「ぼんやりした不安」が現れる。伝統に代わりモダンの力強さに対抗できるものは何か？　唯一の答え、それは国際主義を批判した建築家がそれま

1　表情や態度にはっきり現れる緊張を意味するこの言葉は、レイナー・バンハムから借用した。彼はこの言葉でリチャード・ノイトラの建築を形容した。ノイトラはルドルフ・シンドラーとともにカリフォルニアにヨーロッパのモダニティを伝えた二大建築家のひとりである。

2　日本の批評では、一九七八年に新世代のアトリエ系若手建築家たちを「野武士」と命名して反響を呼んだ槇文彦に続き、高度成長期を批判し、拒絶した安藤忠雄と伊東豊雄を結びつける傾向が強い。しかし、安藤と篠原の作品にともに英雄的な側面とアングストが見られる点から、年齢差こそあれ、このふたりを結びつけるほうが適切だと私には思われる。ふたりの意図的かつ反復的なコンクリート使用に強い象徴性が満ち満ちているのは、そのアウトサイダー的出自と無縁ではない。篠原は一九七〇年にこの素材を使って家を建て始める。この「未完成の家」は彼の建築活動における新時代を開くが、これはあまり長く続かなかった。篠原自身が第二と称したこのスタイルは、おもにコンクリート造の家のシリーズで、以前の民家から着想したスタイルよりもはるかにアグレッシブで、歴史的脈絡は薄い。いっぽう安藤はこの「新」素材の使用にほとんど終始した。

で異議を唱えてきた「永遠」である。森を目の前にした詩人・谷川俊太郎の家の傾斜した柔らかい土間に座った人は、近頃世間を騒がせている歴史的、社会的出来事について何を知ろうか？　この時を超えた舞台装置のなかに囚われた人間は、野生の自然（大広間は丘の斜面の一部を仕切っただけで、床がない）と文化（屋根は木造で、二面の傾斜がこの部屋を覆っている）の古くて素朴な関係の目撃証人となる。[3]「どんなに月日が経ってもけして古くならない物をつくりたい。それが本当の新しさだと思うのです」、と小津映画の登場人物は言う。[4]篠原は、こうして半世紀前から日本の建築を支配してきた「西欧対伝統」の論理を一蹴したのである。

3　谷川邸（一九七四年）。本書24「カオス」、およびオギュスタン・ベルクの日本における自然と文化の特殊な関係に関する論文を参照。

4　小津安二郎『宗方姉妹』一九五〇年

ヴィム・ヴェンダース

時間の停止の後に加速がやってくる。「小津流」の篠原第一期の次にやってくるのは「ヴェンダース流」の第二期である。[5]第一期のように現代東京を無視する代わりに、都市アナーキーを理想とする。もうひとりの小津崇拝者、ヴェンダースとそのドキュメンタリー映画「東京画」よりも先に、篠原は波のように押し寄せる現代都市に心奪われていた。一九七〇年代、日本ではモダニズムを行動、ライフスタイル、建築のアメリカニゼーションとみなし、批判的に問い直す気運が高まっていたとき、彼は過激に方向転換する。おそらくそのモラリスト的な性格とアウトサイダー的な性格の両方に由来する理由から、彼はまたしても流れに逆らい、戦後のモダン建築よりも、一九二〇年代のヨーロッパのモダニティのパイオニアの方に目を向ける。それはル・コルビュジエ、ミース、グロピウス、ライト

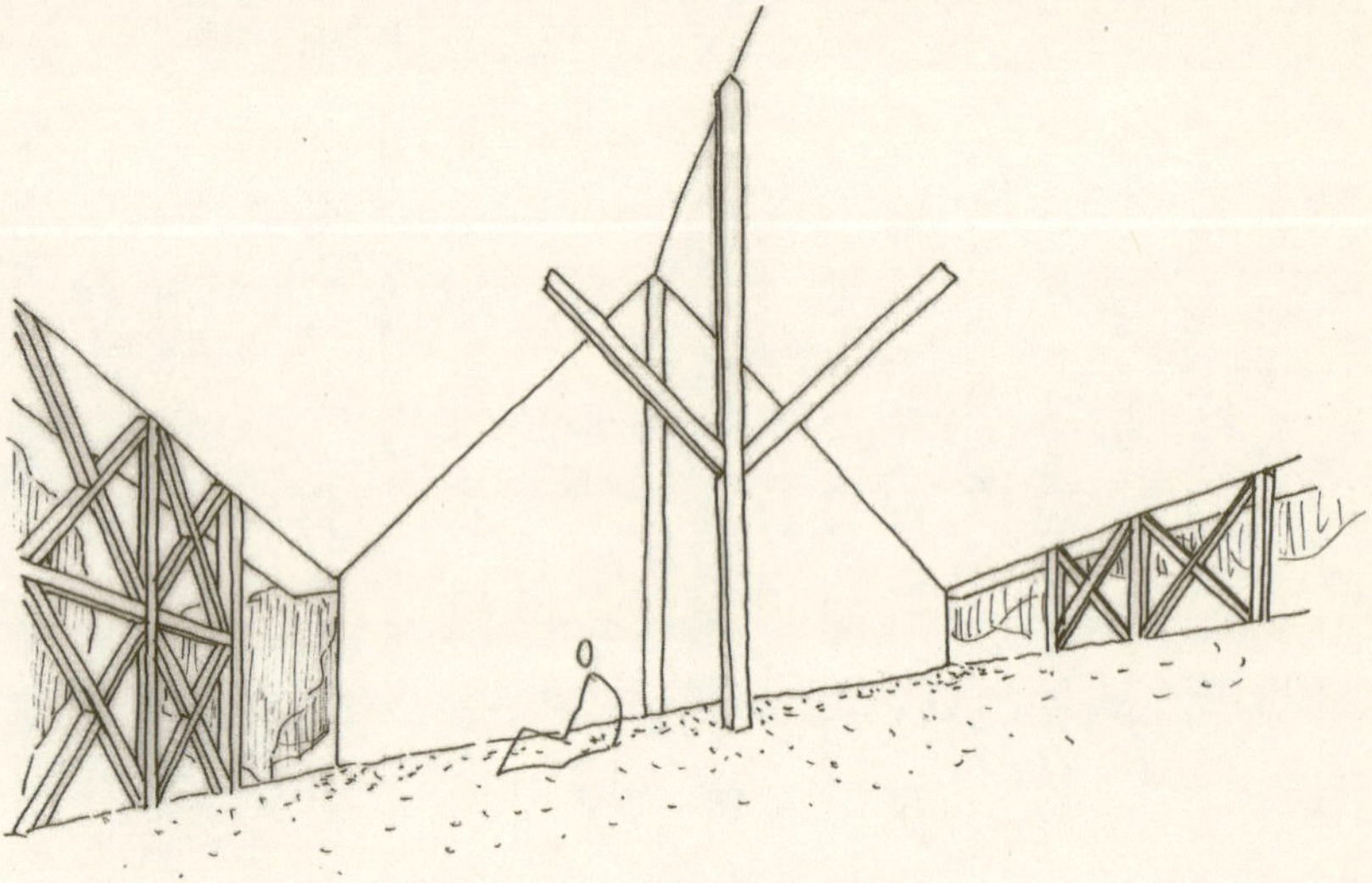

谷川さんの住宅（篠原一男設計、群馬、1974）

上原通りの住宅（篠原一男設計、東京、1976）

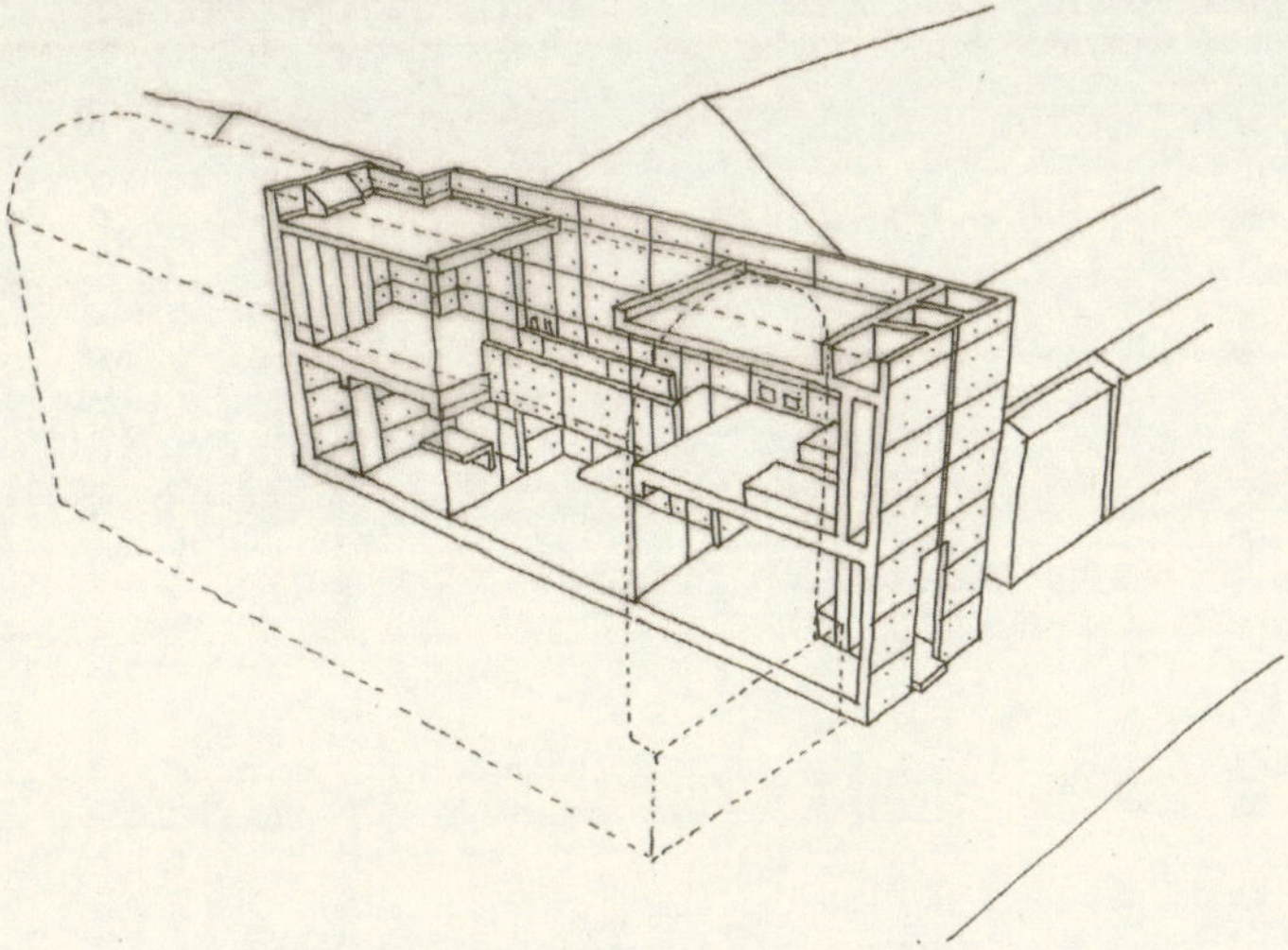

住吉の長屋（安藤忠雄設計、大阪、1976）

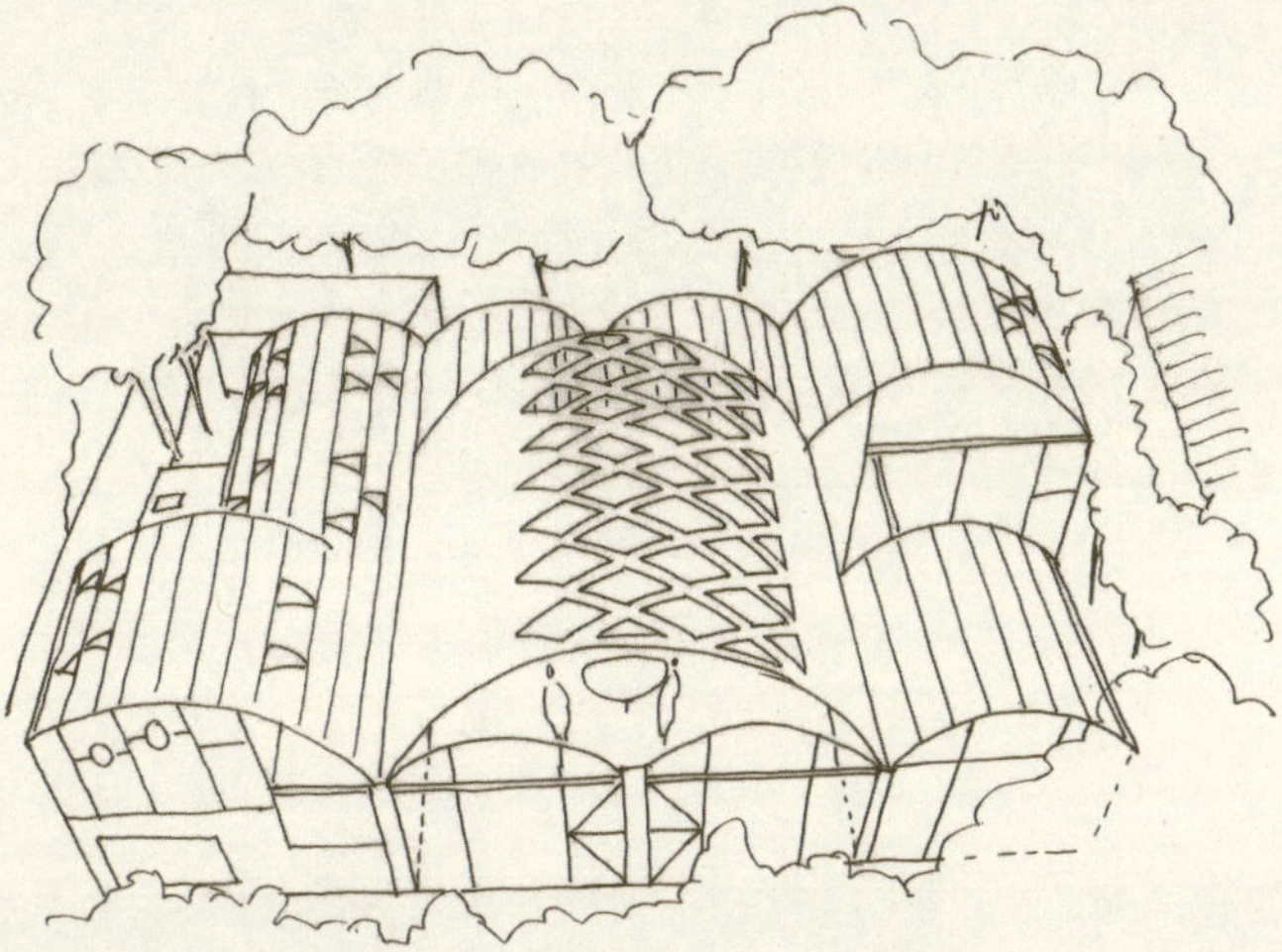

シルバーハット（伊東豊雄設計、東京、1984）

といった将来のモダン建築の巨匠たちが社会革新的な新建築を次々と生み出したとされる、もはや神話と化した時代である。形態抽象化の時代の後、彼は非常に象徴的に木の使用をやめ、その代わりにコンクリートを使う。こうして到達した境地が、建築技術的にはますます主観的でアグレッシブな表現であり、「都市の野生」と東京の「カオスの美」を語るメタファーとしての建築である。[6] しかし後に彼は東京の住宅街や郊外にアナーキーな小宇宙を建設する。これは、彼の創造意欲を刺激した都心の商業地区のカオスよりもずっとアメリカの郊外を思い起こさせるという逆説的な結果となった。[7]

5 このふたつの時代の作風ははっきり分かれるが、篠原自身による時代区分はときとして難解である。また、「ヴェンダース流」とは影響のことではなくイメージ的にという意味で言っている。影響はもっと古い時代から受けている。なぜなら篠原のこの作風の時代は、ヴィム・ヴェンダースの映画よりも前だからである。

6 *The Yale Architecture Journal*, Volume 20 (Perspecta、1983) 掲載、多木浩二の記事 Oppositions: The Intrinsic Structure of Kazuo Shinohara's Work を参照。

7 とくに一九九〇年、大阪都島に建設されたオフィスビル K2 をのぞく。

自閉症 76

Autisme

アングスト A

安藤忠雄は出世作、大阪「住吉の長屋」(一九七六年)で日本建築のもうひとつの原型、長屋を再解釈する。この民家ではなく長屋という違った典拠を選ぶというのは重要である。この違いが示すもの、それは、抽象あるいは永遠の時代の篠原とは反対に、安藤は祖父母と大阪の街の一角に暮らしていたので、当時の都市性には反発していたかもしれないが、その存在は認識していた。「住吉の長屋」はこの地方によく見られる都市住宅と同様に間口が狭く、奥行きがあるが、すべて打ち放しのコンクリート造りで、通りに面して窓はなく、ふたつの建物で構成されており、その間に割って入るように小さな屋外パティオがあり、なにかにつけそこを通らなければ暮らせないようになっている。こうしてこの家は都市環境を否定し、自分の殻に閉じこもり、抽象的な空と光に逃げ場を求め、建築家自身の言葉を借りれば「都市ゲリラ」戦を行うのである。だが、この家は何と言っても新たな出発点である。篠原は東京で伝統を清算したのに対し、安藤は大阪でアメリカニゼーションとかたをつけたのである。[1] 安藤は現代日本の都会人たちに提案する。西洋から「輸入」した住み心地のよいアングロサクソン系の紋切り型住宅に満足せず、過密で攻撃的な都市と新しい関係を結べと。[2] 安藤の作品は、西洋では抽象化への意志の結果と認識され、スペインやポルトガルの最も過激な建築家たちからしばしば称賛される。また、「住吉の長屋」の中庭から見上げる空は、桂離宮の簡素な月見の間の記憶を蘇らせ、ジェームズ・タレルの出現を予告する、崇高なエーテルの長方形なのである。

だが、中庭を強制的に渡らされるのは、まったく体育会系の荒行である。雨や雪なら濡れるし、季節が移ろうがまま、凍えたり、汗をかいたりする。哲学と生身の肉体の現実、ユニバーサルとローカルがパティオで出逢い、和解する。外界から遮断された自閉症

1 だが、この安藤の実験には限界があったと、隈研吾は『GA Houses』一〇〇号掲載の「安藤忠雄の出現」と題された記事のなかで、諧謔味を交えながら語っている。例の有名な家を訪ねた隈は、ある部屋にゴルフクラブのぎっしり詰まった大きな鞄がデンと置かれているのを見てしまった。ゴルフと言えばアングロサクソン族の慰みではないか。

2 ただし、これにはいくつか前例があるのを忘れてはならない。磯崎新による一九六四年のN邸は、太いピロティに支えられたコンクリートの立方体で、半透明のガラスブロックのみが外側とつながっている。外界に背を向けるのは、むしろ施主の希望であった。ミースのパティオのある家の継承者たる「正面のない家」は、坂倉準三が一九六〇年代に構想したもので、これにもやはり己を周囲の環境から切り離そうとする意志が見てとれる。

3 建築史家・藤森照信はこの引きこもりの家を、俗世から離れた小空間を提供する草庵タイプの茶室、および千利休を象徴する作品、待庵と比較した論文を執筆している。磯崎新、安藤忠雄、藤森照信著、英語版『The Contemporary Tea House（現代の茶室）』、講談社インターナショナル、二〇〇七年。

のパティオは、暮らしの重要な交差点でもある。[3]

対立

スタイルが正反対のこのふたりの理想主義者は、今日の生活と対峙する。篠原のコンクリート造の作品は、超人的でほとんど超絶的な音階を奏でる。彼は都市カオスの凝縮を自分の家、「零度の機械」のなかに実現する。己のアーティスト、クリエーターとしての資質を呼び覚ましながら、都市カオスのさらに先を行くのである。エアロダイナミクスの流線型からはほど遠い、太った蜘蛛のような外見の現代アメリカの戦闘機F-14型トムキャットのイメージさながらに、あらかじめ全体の形状に意味を持たせないまま、さまざまに違ったパーツを寄せ集めて構成したのが篠原の家＝機械である。形状・機能の役割分担はもはや存在しない。このようにして考案された爆撃機、家、機械といったオブジェの全体的形状は、もはやいかなる明白な意味も提供しない。彼によれば、都市も同じ道をたどることになる。

しかしながら、彼のすばらしい極小のモニュメント、彼の叫びは無駄に終わる運命にある。なぜなら、形態が飽和状態に達したこの都市は、いつも彼より一段と高い唸り声を上げており、とりわけ、住人はアート面で妥協せずに生きてはいかれないからだ。無粋なガスコンロと冷蔵庫のある暮らしと、コンクリート柱がぶっきらぼうに立ち並ぶ抽象化された白い部屋とでは、前者がいつも勝つ。格好つけるより、まず日常生活である。[4]

安藤は自分のつくったストイックな家にかっちりとした折れ目を四つ入れ、そこに自閉症的小宇宙を再現した。そこでは周囲の文脈から隔絶された住人が、今や滅んでしまったひとつの時代を生き直す。それは安藤が理想とする、人と自然が結合していた時代であり、それを象徴するのが清貧さを湛えた空気と自然の光線である。だが、われらが時代の都会の空気は汚染され、熱を帯び、光は空気中の不純物質に遮られ、断熱の施されていない打ち放しのコンクリートの家での暮らしは堪え難い。

私は篠原の絶望的な探求に敬服の念を覚える一方で、安藤にはユートピア的で、モニュメンタルで死の臭いのする側面を見出す。これを私は「ニュートン記念堂の夢」と名づけるだろう。これはフランス人エティエンヌ・ルイ・ブレが英国人物理学者の霊に捧げたプロジェクトの題名であり、私の心を掻き乱して止まない。安藤は、啓蒙思想の影響を受けた「光の建築家」、ブレとその巨大なドーム状の墓碑への敬服の念をつねに公言してはばからない。安藤の設計した数々のミュージアムは、蒼い天界から降り注ぐ光に浸されている。西洋人はこうしたモニュメント性を日本建築にほとんど認めていないが、彼らの認識は、日本的なるものの精髄のすべてが書院と数寄屋にあるとする日本建築史の一面的な読み方から形成されたものだ。でも、ちょっと待ってほしい。あるではないか。日本建築の原型とも言える、奈良の巨大な木造の堂塔や法隆寺、江戸城の威圧的な大天守閣とその先駆けとなった大坂城と名古屋城、もっとわれわれに近い時代では、戦前の国粋主義的建物と後代の丹下、磯崎、黒川、菊竹らによるメガストラクチャーが。これらを忘れてしまうのは、あまりに早計というものだろう。

4 カリフォルニアの建築家との並走状態は、やはり実り多きものだったと私には思われる。この関連性を建築家や批評家がけして知らなかったわけではないが、文化、およびイデオロギー上の理由から、ときとして過小評価されてきたのではなかろうか。レイモンド・ケイピー、あるいはハリウッドの断崖上に生えた奇妙な金属製キノコ、「ケモスフィア邸」に象徴されるジョン・ロートナー、このふたりの建築家の極度に表現性豊かで、ほとんど絶対自由主義的なリアクションは、篠原の空間的、反都市的実験や、菊竹のスカイハウス、さらには吉村の軽井沢の別荘に近いものさえある。

篠原については、もうひとつの関係にふれておこう。これが今まで指摘された例を私は見たことがないのだが、形態上の大きな違いを超えて、存在していると私には思われるのだ。それはルイス・カーンとの関係である。ルイス・カーンと言えば、有名な一九六〇年の東京デザイン会議に参加して、メタボリズム誕生の瞬間に立ち会った人物である。この一見あり得そうもない関連がじつはあると直感できる点がいくつもある。ただし証拠は何も無いのだが。篠原はこのアメリカ、ペンシルバニアの建築家と同じく、早くも六〇年代から、近代の継承に疑念を呈してきた。しかし、もっと注目すべき点がある。篠原には機能性を度外視した表現性豊かなモニュメンタリティと、サービスルームを明確に分離するという中心思想があったが、思い起こせばカーンにも類似した哲学的思想と、サービスする空間・される空間の関係があった（もっとも、バスルーム、キッチンといったサービスルームを設けるということ自体に、篠原はほとんど無頓着のようだったとさえ言えるだろう。一方、カーンのこの合理化志向は、彼のペンシルバニア大学の恩師、ポール・クレーの母校、パリのエコール・デ・ボザール式伝統に負うところが大きい）。

77 エピクロス

Épicure

クールⅠ

永遠のS、自閉症のAというふたりのアングストの後を継ぐ、第三の時代がやってくる。これを私は「クール」、あるいはくつろぎの時代と名づけよう。これはいまだに続いている。生まれたのは一九八〇年代、伊東豊雄が自邸「シルバーハット」を設計し、都市とのより楽しい関係を確立したときである。シルバーハットは太古の隠れ家を想起させ、蜂の巣のような透かし目が入った金属製の軽やかなボールトの連続で構成される。実現に使われたのは大量生産されるありふれた建材で、これが物質感のないガラスの壁で仕切られた流動的で、しかも外界に向かって開かれた空間を覆っている[1]。この、たったひとつの家だけで、一九七〇年代のTeam ZOOによるバナキュラー（土着）の焼き直しに始まり、途中、増沢洵と東孝光の最小限住居を経由して、川合健二と石山修武によるコルゲートハウスにいたるまでの一連の異議申し立ての作品群を要約し、結論を出している。

この軽やかな、文字どおり「フレーム」のなかで、ひとりの東京人が、伊東の有名な表現を借りれば、一種の「都市遊牧民＝アーバン・ノマド」として、この都会というもうひとつの自然のなかで生活するのである[2]。この都会人はアジア人であり、モンゴルの牧畜民、一三世紀の有名な詩人にして自ら庵を結んだ鴨長明[3]の隠遁生活、一九八〇年代のヤング・ヤッピー（のいずれにも通ずるものがある。彼は西欧と日本とのあいだで心引き裂かれるというよりも、むしろアメリカナイズされてはいるものの、今日のごく普通の東京人であり、つましいエピキュリアン（快楽主義者）よろしく、暮らしのなかのどんな些細な資源も存分に享受する。端的に言って、二〇世紀の戦争の歴史とのしがらみがなく、政治離れした若い世代もまた、無趣味で芸術や美術を解さないペリシテ人のように生きる代わりに、ささやかながらもエピキュリアンなライフスタイルを選ぶ傾向にあると言えよう。

1 伊東は実際には二本の道路に挟まれた地続きの区画に二棟の家を建てていた。この二作品には数年の時差があり、建築家の都市認識の変化がはっきりと見てとれる。シルバーハットより八年早く建てられた「ホワイトU」（一九七六）は外側が打ち放しのコンクリート、内側が白い抽象的な空間で、草が勢いよく茂る庭を取り囲むU字型をしている。安藤の自閉症の家の従姉妹とも言えるこの篠原の娘。ここにいると、しばし都市を忘れる。

2 重ねて言うが、私は現代日本住宅史を書くつもりはない。だが、相田武文、藤井博巳、毛綱毅曠、六角鬼丈、高松伸ら、本文で紹介しなかった野武士たちの作品、そしてとくに阿部勤、室伏次郎、坂本一成、山本理顕、北山恒らの、ヒロイックさはさほどないが、高い技量を示す作品、そして林雅子の作品も忘れてはならない。

3 本書41「隠れ家」を参照。

78 野良猫

Noraneko

寿命

明治以降に出現したすべての建築のうち、現存するものはごくわずかで、あとは論争の残滓を目で追ってたどるしかない。菊竹清訓のスカイハウスは今や高層ビルに取り囲まれ、昔日の輝きを留めるのは、その名ばかりとなった。丹下健三は一九五〇年代に自ら手がけた美しい東京都庁舎が、三〇年間の短い精勤の末に取り壊されるのを容認した。それは、「もっとよく建て直す」ためであった。そしてコンペが開催され、彼は当然のごとく「勝者」となった。[1] フランス人建築家オーギュスト・ペレは、「建築とは美しい廃墟をつくり出すことである」と言ったが、東京では、都市がまだ老朽化さえしていない建築までもむさぼり食ってしまうので、ヨーロッパのように「時は最良の建築家」というわけにはいかないことがしばしばである。「新世界の都市」のように東京は、「みずみずしさから老朽へ、古めかしさという段階には立ち止まらずに移っている」[2]。それを証明してあまりあるのが、篠原の自分の作品に対する崇高かつ屈折した思いを表現した「民家はキノコである」という（またしても篠原得意の）アフォリズムである。このキノコは朽ち葉の積もった土から生え、日常の取るに足らない雑事を超越し、建築家や施主の死後も美しいまま永遠に生き残るはずであった。[3] ところが、篠原の横浜の自邸はものの一〇年という短命で彼より先に逝ってしまう。ハイデガーやヘルダーリンのように「人間とは詩的に」住まうべきだと考える彼は、おそらくこの自邸取り壊し事件で誹謗中傷を受け、身を硬くしたことだろう。この作品の短命ぶりは、東京の街角におなじみのキャラクター、野良猫の定めに似て、数こそおびただしいが、この種に猛威をふるう免疫不全ウイルスによって早々に消滅しようとしている。[4]

1 同じ建築家がロンドン、パリ、ニューヨークといった大都市の庁舎を二度までも建てることがあるなどと、いったい誰が想像できようか？

2 クロード・レヴィ＝ストロース著、川田順造訳『悲しき熱帯』（中公クラシックス、二〇〇一年［原書は1955］）

3 妹島和世の建物の吹けば飛ぶようなか弱さを、どう説明したらよいのか。これに対して妹島は、か弱さとは正反対の泰然自若とした態度で、「建築とはそんなもの」と割り切っている。ミニマルなスタイルと物理的な存在感の希薄さを超越して、彼女は日本の構築物には永続性の観念が往々にして欠落するものだということを示してみせた。

4 私の旧友にして、篠原の東京工業大学における同僚の建築史家、デイヴィッド・スチュワートによれば、こうした思いもよらぬ災難（横浜の自分の土地が予期せず売却されたことも含む）を篠原の崇拝者たちは嘆いたが、篠原本人は意外に吹っ切れて、さばさばとしているように見えたという。
伊東豊雄が姉のために建てたホワイトUに続き、その隣の伊東の自邸、シルバーハットも近年取り壊され、「野良猫」のリストに加わった。しかし、木造の建物（寺社、茶室、民家等）を解体し、別の地に移して組み立て直す伝統に習い、伊東の家は瀬戸内海の島に移設再建された。だが、伝統と違う点がひとつ。同じものを新築したほうが安上がりなことが判明した。

小話 79

Anecdotes

ポスト・シルバーハット世代

一戸建て住宅について語ることは、すなわち東京を語ることだろうか？　日本では、家の歴史はしばしば都市の歴史の映し鏡であるだけに、論争が存在する。家の大家、篠原にはあいにくだが、数年前に磯崎新は考えた、施主の取るに足らない要望の数々でがんじがらめになった家の建築において、「作品」の創作などできるだろうか。同じ問いを東京という都市全体に投げかけることもできる。都市に作品はあり得るのか？　日本のアーバニスト（都市計画家）のしていることは、むしろアーバンデザイナーの仕事であり、そうなると「作品」づくりはなかなかに難しいだろう。公共空間の意味が希薄な日本の都市における彼らのおもな役割は定期的な整備であり、アーバニストのように都市を改造したり、計画したりする機会や誘いはない。二〇世紀の初めから終わりまで、日本の都市計画の試みは中央政府の主導で行われ、その成果はすでに説明したように、あまりはかばかしくない。

建築に話を戻せば、作品としての建築は「多分」あり、マニフェストとしての建築は「まかり間違えば」あり、家としての建築は「確実に」あると言える。今日の建築家が設計した住居は、少数の家族単位の都市遊牧民（大抵は夫婦と子どももひとり。ふたりは少数派。夫に先立たれた祖母が同居することもよくある）を住まわせることを想定している。今日の東京は、言ってみれば、個々の非常に具体的なブルジョワの逸話ばかりを集めた一冊のカタログのようなものだ。建築家小嶋一浩はそれを「私の小さな幸せ世界」と名づけた。そして私たちの世代がやってきた。実利的で居心地のよい快楽主義と、家と都市の理想郷との間をふらふらと往きつ戻りつしている。[2]

1　本書32「運」、33「政治」を参照。
2　篠原の時代と違って、今や大衆も家の建築論議に参加するようになり、建築家の顧客はもはや一部の知的エリート層に属する人ばかりではないだけに、建築家が逡巡するのも無理はない。

80 ポスト桂
Post-Katsura

反ブロブ

ロンドン大学バートレット校の初代校長にして建築家であるピーター・クックの近年の継承者、フレデリック・ミゲルーは東京で開催された建築とコンピュータ関連技術をテーマにした国際会議において、情報機器の持つ可能性にはっきりと興味を示す者がほとんどおらず、フランク・ゲーリー、グレッグ・リン、ザハ・ハディドらの継承者が日本にはいそうもないことに驚いた。[1] コンピュータ技術の導入に関しては、伊東豊雄、山本理顕、渡辺誠、遠藤秀平らの一九九〇年代末のプロジェクトの一部にそうした動きが見られ、また、入江経一やアトリエ天工人らの住宅建築が国内に存在するものの、若手の代表格はほとんどいない。CGソフトウェアは自由自在な有機的形態（ブロブ）を提供してくれる。だが、この幾何学の快挙を、建築の革新と混同するのはいかがなものか。一九八〇年代および一九九〇年代初頭のバブル時代の装飾過多のごてごてした形態に反発して、アトリエ・ワン、千葉学、小嶋一浩、みかんぐみ、西沢大良らの世代、そして手塚建築研究所、SANAA、さらに若手の藤本壮介、石上純也らは、ありふれた外見からインスピレーションを得る。このアイデアはアーティスト村上隆の「スーパーフラット」のコンセプトと通じるものがある。[2] このありふれたものからの着想がアルテ・ポーヴェラのような一種の素っ気なさを醸し出すヨーロッパとは違い、容れ物の素材の洗練が書院の精神を蘇らせるのである。[3] そこでは、老子の水差しの内壁の性質はきわめて大切となる。かくしてポスト日光東照宮の建築、あるいは一九八〇年代のごてごて建築の後は、ポスト桂のスーパーフラットに回帰するか、容れ物の無駄をマニエリスト式にどこまでも削ぎ落とす。

1 コンピュータ関連技術と建築に関する国際会議は二〇〇五年、東京日仏学院で開催された。
2 Murakami (Takashi)（村上隆）, *Superflat*, Last Gasp, San Francisco, 2001
3 本書65「間隔」を参照。

81 フラット
Plat

L.A. 40-60

カッコーが別の鳥の巣に託卵するように、建築は別の科目から用語やコンセプトを借用するのが大好きで、それをちゃっかりわがものにする。構造主義、ポストモダニズム、脱構築主義、フラクタル幾何学、折り目つき空間、あるいはスーパーフラット……かくも多くの運動が、過去三〇年間に建築畑から育ったとされている。なかでもスーパーフラットは、アメリカ社会への批判と、一九四〇年代、ロサンゼルスに亡命したフランクフルト学派のマルクス主義思想家テオドール・アドルノ、マックス・ホルクハイマーが提唱した精神文化の崩壊に端を発するものだが、日本においては特殊な意味合いを帯びる。[1] その後一九六〇年代のカリフォルニアで、ふたりの精神を直接引き継ぐヘルベルト・マルクーゼが「一次元社会」という言葉で文化的厚みのない消費社会の弊害を糾弾した。

フラットが後にスーパーフラットになっても中身が変わったわけではなく、時とともに、精度を示す「超」が加わったにすぎない。

1　スーパーフラットという言葉の生みの親は村上隆である。あくまでも反アメリカン・カルチャーを旨とし、日本のポップカルチャーからの借用を否定するが、後者の影響は誰の目から見ても明らかである。

東京80

日本にこうした社会的弊害への反応が現れたのは、一九六〇年代から七〇年代にかけてである。新東京国際空港（現・成田国際空港）建設のため土地を奪われる成田農民の激しい抵抗が左翼学生に引き継がれ、産業汚染に反対する住民運動が高まり、まちづくり事業手続きの制度が発足した。しかし、一九六八年のパリさながらの、この沸々とたぎる革命の気運は、猛烈な不動産投機に湧いた八〇年代になると鎮まり、一九九〇年代に社会批判が再燃するまで、夜の闇のなかで密やかに明滅し続ける。

美術批評において「スーパーフラット」という言葉は、西洋でときとして「マンガ・カルチャー」、「ポケモン・カルチャー」[2]と呼ばれる日本のポップ／サブカルチャーから生まれた無邪気でキーキーとうるさい作品群を指す。これらの漫画の起源は北斎のスケッチ集、「北斎漫画」[3]にまで遡るのであるから、まさに先祖帰りといったところであろう。

きわめて入念に描き込まれたこれらの絵画、なかでもとくに村上隆の作品は、可愛いけれど時折ちょっと怖い表情を見せるキャラクターのいるシーン、あるいは遠近画法が一切排除された夢幻的な風景を描き出している。折しも日本が世界第二位の経済大国の座に躍り出るという歴史的瞬間を迎えたそのときに、明治時代に輸入された表象技法と決別し、カンバス空間というフラットな連続体を味方に引き入れ、国産のポップな題材を選び取ることで、ひとつの文化的アイデンティティを打ち出したのである。[4]

2 二〇〇三年、パリ、カルティエ現代美術財団で開催されたこの世代の日本人アーティストの展覧会の題名より。

3 本書7「浮世絵」を参照。

4 市場に取り込まれるリスクはいつもついて回る。村上隆にも一部あてはまり、世界に冠たる高級ブランドのなかでも最も因習的なルイ・ヴィトンに請われてラゲージの新作一式をデザインした。

82 スーパーフラット

Superflat

都市

建築史家、批評家の五十嵐太郎は「スーパーフラット」という言葉を意味の類似性から「再考《リサイクル》」する。[1] かくして文化の「スーパーフィシャリティ」すなわち、上っ面だけの文化は、物的な厚みのなさと同義語となる。東京は世界の多くの首都と同じく、素っ気ない反復と遍在性（ユビキタス）の場となっている。こうした特徴はレム・コールハースの単純化され、かつ人びとを惹きつける「ジェネリック・シティ」の概念を確認しているように思われる。周囲の街並などおかまいなしに唐突に複製されたフランチャイズ方式のファッション店、ファーストフード、ファミリーレストラン、コンビニチェーン店が居並ぶ都市全体が、まるで厚みのないアイコンが鈴なりのフラットでバーチャルなGPS画像のように見えてくる。この都市と都市との間の差異がなくなって見える平滑化現象は見た目の問題で、実際にはもともとそこにあったローカルな構造体の上に重なっているにすぎない。さらに東京の場合、このGPS画像に加えたい別のピースがある。それは当地の生態系である。これだけで、ジェネリック・シティのくくりから逃れるに十分だ。

1 "Superflat Architecture and Japanese Subculture" in *Japan. Towards Totalscape*, Nai Publishers, Rotterdam, 2000. 五十嵐太郎の記事

ファサード

建築におけるファサードとは、設計図面上の造作物を指すと同時に建物の表の面を指す。この外面上の実験は、アートの世界と同様、モダニティを否定するところから出発した。建物の機能と外見とを直接結びつけない、ということだ。多くの建築家が、もはやポストモダンの歴史主義の資源に頼らずに、新素材（セラミック、ガラス、金属、ファイバー、樹脂等）、あるいは新技法（コンクリートにプリント、コンピュータにインプットされた形状どおりにレーザーカット、セラミック・プリント、フィルム）を駆使してファサードの意匠を刷新している。こうして表現がいかに刷新されようと、都心の商業建築やオフィスビルの工事はもっと曖昧、平凡で、これまでどおりの仕事の割り振りで行われる。建築家は可能なかぎり魅力的な面構えの箱を提案し、インテリアデザイナーは各ブランドのステレオタイプと施工の慣習を逸脱しない範囲で改装を行う。こうしてファッションストリート、表参道は建築家名鑑さながらに国内および一部の海外有名建築家の偉業と自己喪失の実例を集めた展示場と化している。ヘルツォーク&ド・ムーロンのプラダブティック[2]をのぞけば、伊東豊雄のTOD'S、青木淳のルイ・ヴィトン、SANAAのディオール、隈研吾のLVMH、そしてMVRDVの商業ビル「ジャイル」に代表される店舗群は、どれも所詮「気をそそる」ファサードを提供しているにすぎない。

2 プラダはスイスのふたり組に形態、予算の両面でまったく自由裁量権を与え、建物と内装の設計をさせ、ゼネコン大手、竹中工務店の完璧な技術によって実現された。

スーパーシン

これらのミニマル建築の源泉は西洋と日本の双方から来ている。前者はミースの「Less is more（削ぎ落としてこその豊かさ）」、平凡な建築、新合理主義、「スイスの箱」。そして、これら自体もミニマリズム、アルテ・ポーヴェラ、ポップカルチャーといった芸術運動と結びついている。後者は日本の書院の伝統であり、その純化の象徴が桂離宮と茶室である。[3] だが、同時にこのミニマリズムは、そのもっと深い根っこの部分で、日本の精神に立脚し直そうとするポストモダンの試みの流れを汲むものでもある。その代表例を私流に呼ぶと、篠原一男の「永遠」、安藤忠雄の「自閉症」、これとは対照的な伊東豊雄の「クール」（あるいは「くつろぎ」）となる。[4] そんなわけでSANAAの作品は、ミリメートル単位のスーパーシン（極薄）の壁の内側に機能がはっきりしない空間を包み込んでいる。彼らの図面は至極あっさりしたもので、マチエールは削ぎ落とされ、応力など微塵も感じさせない。それは設計図と言うよりも、組織図、ディスクリプティブ（すべての平立面を正しく描くための幾何学的手法）、ほとんど素朴な基本概念のスケッチ、何となく遠回しに、昔の日本の大工の棟梁が描いた観念的な平面図「指図」を思い起こさせる。それは、壁は一本の線を引いただけ、柱は点を打っただけというものである。でもそれは、画家が人体解剖図の筋肉や腱を強調して描く要領で、マチエールを最小限に抑えて応力や支持機能を分かりやすく見せようとする西洋式のやり方とは違う。これは日本式の消失の美学なのである。前者では応力を際立たせ、後者では応力の不在を露にする。ミースやケーススタディハウスに参加したカリフォルニアの建築家の間では、古典的な建築規範に則って柱と壁を表現するのが主流であった。ところがSANAAでは、これ

3 これらの建築は日光東照宮等の建物と比べれば、一見純化されているように見える。しかし、じつは非常に多様で微妙な素材の遊びと幾何学的なずれを多用している。見かけ上のミニマリズムよりも、マニエリスムのほうを論じるべきであろう。

4 本書75「永遠」、76「自閉症」、77「エピクロス」を参照。

とは反対に、柱は設計に参加しておらず、極力これを消去しようとする。ミニマルな間取りを細分化し、柱はもはや柱には見えず、軽やかな垂直線の林立に見えるか、薄い間仕切りにとって代えられる。

ない

老いゆく谷崎潤一郎が愛した陰翳を礼讃するどころか、薄っぺらな壁の表面のテクスチャーと流動的に併置された間取りで遊ぶ「素朴な」箱の時代がやってきた。寓意や格言の時代から「家は家である」の時代へと移行したのだ。有孔体の建物は終わった。本来の機能を超えた零度の機械のような家、アントロポモルフィスム（人型）、および曼荼羅のような家も終わった。今や目立った精神性のない、「家」然とした家の時代なのだ。狭小空間を無駄なく徹底利用して、きっちり精巧に造られた家は、人間工学にもとづくヨットの操舵室を見たときに覚えるのと同じ敬服の念を外国人に抱かせる。[5] 今や、相続を重ねるうちに次第に狭くなっていく敷地の上に置かれた、厚みのない家の時代なのである。[6]

5 Daniell (Thomas): *After the Crash: Architecture in Post-Bubble Japan*, Princeton Architectural Press, New-York, 2008.
さりとて、トーマス・ダニエルがたしかに指摘したように、すっきりと整った図面が第一に追求するものは、機能的な合理性よりも絵としての合理性、抽象表現の合理性である。

6 ここ三〇年間の敷地面積の変化とそれにともなう家のサイズの変化、そして街並の変化を振り返ると驚くべきものがある。東京で最も人口の多い世田谷区のような住宅街では、地価の高さと重い相続税により、相続人は敷地を切り売りせざるを得ない。こうした動きはいつまでも続けられないので。一部の区ではある一定面積を下回ると家が建てられなくなる条例を制定しつつある。

プロムナード 83

Promenade

放浪記

この都市にそそのかされて、私は何度引っ越したことか。パリでは九分九厘どおり不動の構えだった私が、東京ではほとんど遊牧民と化してしまった。生家を離れ、へその緒がぷつりと切れ、移民の新条件が整った。そして私の生活に変化が訪れ、それが次第に増幅されていったのだろうか？ もちろんそうした理由もあったにせよ、こうまで引っ越し魔にはならなかっただろう。何と言っても、「住み歩いた」場所という場所が粗末でぱっとせず、存在感が希薄だったので、愛着がわかなかったのだ。それでも私は東京のありとあらゆる階級の住居での暮らしを体験した。ただし、外国人赴任者向けのだだっ広くて、床には毛足の長いふかふかのカーペットが敷き詰められ、防音完備で、家賃は会社持ちの高級賃貸マンションというものだけにはとんと縁がなかった。この忘れがたい住処の系譜は、一種の社会的上昇を絵に描いたようで、バルザックの小説の登場人物にしか体験できないものと思い込んでいた。面白いのは、その上昇ぶり（無論下がるよりいい）よりも、自らが実験用のモルモット*となることだった。さまざまな住まいと渡り歩いた地区に思いを馳せると、四半世紀にわたる私の徘徊の記憶が蘇った。

＊訳者注……日本で実験動物の代名詞のように使われてきた「モルモット」とはGuinea Pigのことであり、ヨーロッパ人が「モルモット」と聞いて真っ先に思い浮かべる「マーモット」とはまったく異種の動物である。ここでは日本という壮大な実験室で日本的な住体験をしたサンプル動物としての筆者を描写すべく、今や陳腐化したこの語をあえて使うことにする。

われ、かく住まえり

忘れもしない、日出ずる国で初めて朝を迎えた目白台学生寮の一室。車庫にプラスチック製の浴槽を置き、そのなかで行水した、カビ臭くて騒がしいドヤ街、木場の町家。一本の柿の木が植わった坪庭つきの、陽当たりと風通しのよい中野富士見町の小綺麗な木造家屋。それをもっと汚して、洗濯機をバルコニーに追いやり、隣人と肩寄せ合って暮らした茗荷谷の木造アパート。尾久地区にほど近い、風吹きすさび、陽が照りつける荒川沿いに全長三〇〇メートルの横腹をさらす一〇階建ての味気無い団地。そこでは孤独なこの星での暮らしに喜びをもたらしてくれたわが娘にありったけの愛情を注いだ。静かで退屈で、住み心地はいいけれど記憶には残らない、所詮仮住まいの砧のプチブル向け小型賃貸マンション。大勢の人でにぎわう二子玉川の河川敷を見下ろす、先ほどの団地よりは長くない庶民向けマンション、〇〇ハイツ。そこで今度はわが息子にたっぷりの愛情を注ぎ込んだ。そして最後にたどりついたのが、妻とともに設計したコンクリート製マイホーム。それは、まるで「となりのトトロ」が棲みついているかのような欅の大樹の涼やかな木漏れ日のなかにひっそりとたたずんでいる。聖職者の果樹園のなかに中世の過密な街並が点在していた昔日のパリをどこか思わせる坪庭の郊外に出現した庵、そこは鴨長明の方丈庵よろしく光の法悦に浸るには誂え向きの場所である。私は都市の新陳代謝が生んださまざまな環境下で、建築基準法が造作物を生き長らえさせたり、あるいは街並を操作したりする様をこの目で見てきた。

習慣

ひところよりは家に居着くようになったが、私は身体の内に今もなお徘徊の虫を飼い続けている。

夜、仕事からの帰り途、深夜バスにわざと乗り損ね、二倍の時間がかかる徒歩で夜道の帰宅を自分にプレゼントする。夏、蛙たちの狂おしい愛の囁きが小川に満ちるころ、私は三七〇〇万人の隣人には目もくれずに、その喧《かまびす》しい大合唱の洪水が湧き上がってくる、今にも消え入りそうなか細い流れに沿って歩く。そして冬の夜、澄み渡る遥けき天蓋を仰ぎ、私はひたすら沈黙する。

自転車を漕ぐのもまたおつなものだ。銀輪は駅と遠く離れた自宅とをつなぐ一本の縫い針である。大きな前籠をつけ、レーサーの気負いは露ほどもない略式軍馬ママチャリは、毎朝、通勤電車にぎりぎりセーフで駆け込む寝坊助のための、あるいは都市を愛する人の大切な補助機具なのだ。[1] 私の場合、買い物や待ち合わせに、あるいは頭のなかに浮かんだ都市構想を確かめるために自転車を駆ることもしばしばだ。

1 東京で盗まれる物はふたつだけ、傘と自転車だ。使い勝手のよさと泥棒の目を引かぬようにという両方の理由から、ありふれたママチャリは理想的である。

東京礼讃 84

Éloge de Tôkyô

探求

この都市にぎっしり詰まった膨大なディテールを仔細に眺め、評価し、愛し、そのなかに没入することはできた。しかし、それが非合理的で、勝手気ままで、名状しがたいほど突飛で、無秩序であるといった考えを受け入れることはできなかった。広大な都市のなかを点々と移り住み、そぞろ歩き、さまざまなプロジェクトや書物にふれるうち、東京には無限の反復性、繰り返し、ユビキタスという明白なパラドックスがあることに私は気づいた。ひとつの社会には多様な顔があり、その物的枠組みは絶えず変化するので、一度は明白に見えたものも、再びそこから逸脱する。いかなる都市も反復の様相を呈し、規則性を有する。この規則性がある一定の間隔をおいて不在になるときにこそ、その存在が確認できるのだ。こうして私の気の長い探求が始まった。カオスの擦り減りを止めるために。

日本人歴史家、地理学者、都市計画家、建築家は昔から東京と親しくつきあってきたが、彼らには現代版フロイス神父の驚きはない。マンハッタン、ラスベガス、ロサンゼルスは、過客のなかにシャーマンを見出してきた。東京もまたしかり。都市をいくつものフィクションの連なりと捉え、それを一つひとつ解きほぐしていくのが私の役割だった。最初は控えめに、かつ用心深く、たったひとつの真正のセオリーなどという大それたものよりも、何編かのフィクションを。なんでも抽象化したがる性

癖から、自然の生態系よりもフィクションを。自分の熱中する物やブリコラージュのなかに勝手気ままな形態があることも認識している。さらに、長年この都市との共犯関係を続けていくうちに、私にもついにエントロピーが訪れて、不感症に陥るかもしれない。

啓示

この意味の探求は二種類の執心に収斂する。それは博物学者の執心と脚本家の執心である。博物学者、それはアマゾンに魅了されてやまぬ研究者たちと同じ要領で、草木を採集し、これを微に入り細に入り描く。これは私にとって、発見のなかに厳密さを求めることに通じる。異邦人として東京の魔法の森に分け入り、そこに生えた新種の草木を一本一本採集し、スケッチし、目録に加える。これぞ私が理想とする東京の目録、東京の博物画である。脚本家、それは目の前でマチエールが固まり、形成されてゆく歴史、物語の秘められた動機、たくらみを暴き出し、首都の出産に立ち会う。これぞ私のフィクションである。

分類

博物学者の私は、構築物を分類した。その種類はさほど多くない。もっとも代表的なのは、やはり蜘蛛の巣、心霊ビル、迷宮旅館、パチンコシンデレラである。脚本家の私は都市のメカニズムに名前をつけた。まだそのリストはささやかだ。もっとも決定的なものをいくつか挙げれば、秩序ある偶然、不在の都市（シテ）、反復性混交、盛り場リゾーム、屋根と谷間の超自然性、河川敷の線形保養地（別の言い方をすれば、都市の直中にある周縁部)、デコボコの雷おこし、細分化、見立ての礼讃、モニュメントとしてのインフラストラクチャー。

東京、それはひとつの広大な現象。模倣し、発明し、再生し、生き長らえる、ずっと……。

平和
NO! WAR!
STATION
JR

THE NATIONAL
NOBUMASA TAKAHASHI
JAPAN

旅 85
Voyage

日本を生きるためには、まずそこへの旅に恋焦がれねばならなかった。旅こそ一篇のフィクションである。私にこの旅心を焚きつけた恩人、それはニコラ・ブーヴィエである。その見事かつ愉快な著作『日本の原像を求めて』を私は遅れて発見した。不思議なことに、この秀作は日本でほとんど知られていない。スイスの偉才はこう言い残した。「人は自分が旅をしているつもりが、いつのまにか旅がその人を作り、その人を変えていくのだ」。これ以上に何をか言わん。

— Bouvier (Nicolas): *L'usage du monde*, Droz, 1963.
ニコラ・ブーヴィエ、ティエリ・ブルネ著、山岡浩之訳『世界の使い方』（英治出版、二〇一一年［原書は1989］）
Bouvier (Nicolas): *Chronique japonaise*, Petite bibliothèque Payot, 1989.
ニコラ・ブーヴェ著、高橋啓訳『日本の原像を求めて』（草思社、一九九四年［原書は1989］）

それでもなお言わせてもらおう（以下、敬称略）

旅にまつわる書物や人との出逢い、語らい、体験の記憶をポケットに詰め込んで、私の道行きは始まった。だから、「これぞ東京」という究極の無秩序のなかに篠原一男、山本理顕の家を発見したとき、私の脳髄を激震が走った。後にアントニン・レーモンドと吉村順三の軽井沢別荘を見出したときも同様の激震に見舞われた。東京大学で師事したのは槇文彦教授。その明晰なる思想から繰り出される作品は、合理的でありながら、どこまでもマニエリストで美しかった。東京大学のもうひとりの恩師、大野秀敏の都市構想は未来的だ。加茂紀和子、曽我部昌史、竹内昌義の三人と出資し合い、みかんぐみを立ち上げ、建築家として日々の業務に乗り出した。だが、パリでの伊東豊雄との仕事を境に、若き日に後にした故国の文化をあらためて見つめ直すこととなる。これは一種の「後退」でもあった。ほかにも大切な出逢いが多々あった。たとえば、私よりもひと足先に日々の暮らしのなかにエキゾティズムを発見した早世の建築家、クレール・ガリヤン。柄澤立子は私を日本語教師にして（これを聞いた父はちょっと面食らったものの、すかさず毒舌ぶりを発揮し、「読み書きのできない」と但し書きを入れた）、さらに自ら創設したインテリアデザイン学校の副校長の座に私を据え、いわば、己の精神を後世に伝える役目を私に任じた。批評家・多木浩二の精妙さと鈴木明のアイロニー。同時代の同業者の心を虜にし、わが作品にはここまで魅力があるだろうかと不安を抱かせずにはおかないほど美しい仕事をする建築家たち。すべての書物のなかでも、私に決定的な影響を与えたのはオギュスタン・ベルク、ニコラ・フィエヴェ、ヤン・ニュッソーム、フィリップ・ポンス、エドワード・サイデンスティッカー、デイヴィッド・スチュワート、アンドレ・ソーレンセンの筆によるものだった。なぜなら日本人の著作にも必読書は数々あるが（なかでも内藤昌、陣内秀信、藤森照信、五十嵐太郎に格別の敬意を表する）、右記の作家たちは、日本人建築批評家らが分析を重ねた末に、「えも言われぬ」という言葉でたびたびお茶を濁している日本的なものを、一外国人が取り上げ、これを言葉で表現することだって可能なのだと私に教えてくれた。「えも言われぬ」味のフランス菓子で甘党を喜ばせる、まるで開店したときからもう古色蒼然としていたかのような静かな喫茶店。食いしん坊が通い詰める、ありとあらゆる食べ物屋。優しいぬくもりの黄金色の檜製カウンターでにぎり寿司を頬張り、その柔らかでほろほろとした食感を堪能する。あるいは顔色が悪く見える蛍光灯に照らされたピカピカのメラミン樹脂製テーブルで日本蕎麦や、さっぱりした醤油スープに浸されたシコシコのラーメンを啜ったり、肉汁ほとばしる餃子にかぶりついたりする。東京、この人間の夢がぎっしり詰まった冒険小説。私はその人びとの夢に思いを馳せる。

それでも礼を言わせてもらおう

拙稿をこまやか、かつ厳しいまなざしですみずみまで校閲してくださったエンリック・マシップ・ボッシュ、フィリップ・ポンス、デイヴィッド・スチュワート、クリスティーヌ・ヴァンドルディ・オザノ。かつては私と同じ世田谷区に庵を結んだ隣人にして、人生を楽しむ達人のデイヴィッド・スチュワートは、崇敬すべき現代日本建築史家であるとともに、非凡なる翻訳家であり、出色の英語の散文に生まれ変わった拙稿を目の前にして、私は果たしてここまで質の高い文を書いたであろうかと疑念に駆られたものである。今もなお息づく建築の伝統に開眼し、これへの熱き思いを切々と私に説いた建築史家松崎照明にも心より謝意を表する。東京、奈良、京都の珠玉の建築をともに訪ね歩いた、あの忘れがたい道行きで、いずこの空想美術館においても、時は石のごとくその流れを止めるものであるとの思いを私はいっそう強くした。現実の時間においても、彼はたびたび、過去の建築の来歴と隠された意味を私にゆっくりと噛み砕いて教示することを厭わなかった。そして最後に、拙稿に並々ならぬ関心と的確なる所見を寄せてくれた建築家仲間にして大の日本贔屓のフランク・サラマ、日本語の翻訳に筋道をつけてくれた中条裕子と杉貴子にも厚く礼を申し述べたい。石井朱美の穿った日本観は、日本語版の翻訳者というそれだけでもけして軽くはない役割をはるかに超えるものである。クリストフ・ル・ガック編集長の関心と英断がなければ、また、笹川日仏財団とフランス国立書籍センターの財政支援がなければ、拙著はおそらく日の目を見なかったであろう。

拙著のために作品を描き下ろしてくれた高橋信雅、ステファヌ・ラグレにはいくら感謝しても感謝しきれない。また、秋田宏喜の説明図は往々にして、くどくどとした講釈よりもはるかに雄弁である。

名言

ピエール・ルジャンドルは言った。「そうだな、もう二、三〇年もすれば、日本人、中国人、あるいはアフリカ人がフランス人のもとにやって来て、己が何者かを語って聞かせるだろう」。この主従を逆転させても、同じくらい学殖豊かな新文学が誕生するかもしれない。ただし、東京の現実との乖離は今よりさらに広がっているだろう。[2] この来るべき書もまたハイブリッド化を確認するだろう。これこそすべての大都市、そして東京のメタボリズムである。

2 Legendre (Pierre): *Vues éparses*, Mille et une nuits, 2009.

高橋信雅 画

p.137

"Tokyo labyrinth" (東京迷路)
Series: JAPANESE GRAFFITI
paper, ink
2011

pp.144-145

Potemkin Tokyo
(ポチョムキン東京)
Series: JAPANESE GRAFFITI
paper, ink
2011

p.164

"Sudden blank "
(突然の空白)
Series: JAPANESE GRAFFITI
paper, ink
2011

p.225

"Limits of the world "
(世界の境)

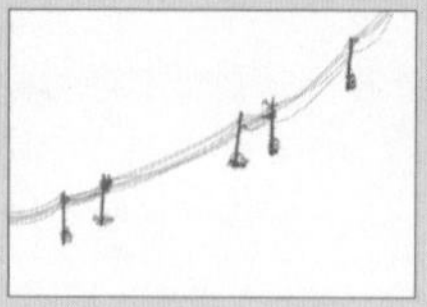

pp.290-291

"eaves " (軒)
Series: JAPANESE GRAFFITI
paper, ink
2011

pp.294-295

"FROM TOKIO"
Series: JAPANESE GRAFFITI
paper, ink
2009

p.015

TOKYO FICTION (架空東京)
Series: JAPANESE GRAFFITI
paper, ink
2011

p.022

"A light bulb arch."
(電球列島)
Series: JAPANESE GRAFFITI
paper,ink
2011

pp.052-053

Tokyo AM5:00
(東京午前五時)
Series: JAPANESE GRAFFITI
paper, ink
2011

pp.056-057

Tokyo AM9:00
(東京午前九時)
Series: JAPANESE GRAFFITI
paper, ink
2011

pp.074-075

"BUILDING 2011"
Series: JAPANESE GRAFFITI
paper, ink
2009

p.111

"HARAKIRI 20th century
TOKYO" (腹切り20世紀東京)
Series: JAPANESE GRAFFITI
paper, ink
2011

ステファヌ・ラグレ 画

pp.202-203

フォトモンタージュと合成画像
2010

pp.208-209

フォトモンタージュと合成画像
2010

pp.218-219

フォトモンタージュと合成画像
2010

pp.044-045

写真画像処理
2003

pp.078-079

フォトモンタージュと合成画像
2003

pp.100-101

フォトモンタージュと合成画像
2010

pp.124-125

フォトモンタージュと合成画像
2010

p.149

フォトモンタージュと合成画像
2008

pp.194-195

フォトモンタージュと合成画像
2010

マニュエル・タルディッツ｜Manuel Tardits

建築家、みかんぐみ共同主宰、明治大学特任教授

一九五九年パリ生まれ。一九八四年ユニテ・ペタゴジックNo.1卒業。一九八五年より東京在住。一九八八―九二年東京大学大学院博士課程在籍（槇文彦研究室）、一九九五年ICSカレッジオブアーツ教授、二〇〇六年より同学副校長。芝浦工業大学、筑波大学、東北大学で非常勤講師を務め、二〇一三年より現職。

建築作品に〈SHIBUYA-AX〉、〈「八代の保育園〉、〈二〇〇五年日本国際博覧会 愛・地球博 トヨタグループ館〉、〈伊那東小学校〉、〈フランス大使公邸改修〉、〈Maruya Gardens〉など多数（いずれもみかんぐみでの協働）。

主著に『Tôkyô - Portraits & Fictions』（Le Gac Press、二〇一一）、共著に『団地再生計画／みかんぐみのリノベーションカタログ』（みかんぐみ、INAX出版、二〇〇一年）、『別冊みかんぐみ』（エクスナレッジ、二〇〇一年）、『家のきおく』（インデックスコミュニケーションズ、二〇〇四年）、『Post-office ―ワークスペース改造計画』（TOTO出版、二〇〇六年）、『都市のあこがれ』（鹿島出版会、二〇〇九年）、『別冊みかんぐみ2』（エクスナレッジ、二〇一一年）など。

石井朱美｜Akemi Ishii

翻訳家

浜松市生まれ。学習院大学文学部フランス文学科卒業。訳書に『筆と刀―日本の中のもうひとつのフランス:1872-1960』（クリスチャン・ポラック著、在日フランス商工会議所、二〇〇五年）、『維新とフランス―日仏学術交流の黎明』（西野嘉章＋クリスティアン・ポラック編、東京大学総合研究博物館、二〇〇九年）、『百合と巨筒―見出された図像と書簡集（1860-1900）』（クリスチャン・ポラック著、在日フランス商工会議所、二〇一四年）など。在日フランス商工会議所季刊誌『フランス・ジャポン・エコー』にてクリスチャン・ポラック日仏関係史記事の連載など。

図版

秋田宏喜 96, 158, 175, 178, 179, 182, 228, 229, 238

マニュエル・タルディッツ 254, 255, 268, 269

特設サイト

tokyofictions.com

東京断想《とうきょうだんそう》

二〇一四年四月一〇日　第一刷発行

著者――マニュエル・タルディッツ
訳者――石井朱美《いしいあけみ》
発行者――坪内文生
発行所――鹿島出版会
〒一〇四-〇〇二八
東京都中央区八重洲二-五-一四
電話――〇三-六二〇二-五二〇〇
振替――〇〇一六〇-二-一八〇八八三
印刷・製本――三美印刷

ISBN 978-4-306-04603-0 C3052

本書の内容に関するご意見・ご感想は左記までお寄せ下さい。
URL : http://www.kajima-publishing.co.jp
e-mail : info@kajima-publishing.co.jp